室内设计与施工数据图解

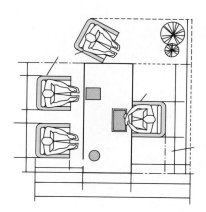

徐琳　费怡敏　李海峰◎编著

化学工业出版社
·北京·

内 容 简 介

本书主要对家装、工装数据与尺寸中的重点、难点进行了归纳和讲解，包括人体工程学尺寸数据、空间布置数据、常用家具数据、照明数据、建材规格、施工质量验收数据等。本书内容全面，将常用数据与尺寸用图表、图形的方式标示，让读者对数据与尺寸一目了然。

本书可供室内设计人员、装饰工程施工人员、监督监理人员阅读，也可供相关培训学校、在校设计专业的师生参考。

图书在版编目（CIP）数据

室内设计与施工数据图解 / 徐琳，费怡敏，李海峰编著. —北京：化学工业出版社，2022.6
ISBN 978-7-122-40873-0

Ⅰ. ①室… Ⅱ. ①徐… ②费… ③李… Ⅲ. ①室内装饰设计-图解②室内装修-建筑施工-图解 Ⅳ. ①TU238.2-64②TU767.7-64

中国版本图书馆CIP数据核字（2022）第035920号

责任编辑：王 斌 吕梦瑶 　　　　　　　　　　文字编辑：冯国庆
责任校对：王 静 　　　　　　　　　　　　　装帧设计：王晓宇

出版发行：化学工业出版社（北京市东城区青年湖南街13号　邮政编码100011）
印　　装：天津图文方嘉印刷有限公司
710mm×1000mm　1/16　印张18　字数300千字　2022年6月北京第1版第1次印刷

购书咨询：010-64518888　　　　　　　　　售后服务：010-64518899
网　　址：http://www.cip.com.cn
凡购买本书，如有缺损质量问题，本社销售中心负责调换。

定　　价：98.00元 　　　　　　　　　　　　版权所有　违者必究

在室内设计以及选材、施工、监督等工作中，数据与尺寸一直是很重要的因素。它体现了装饰装修的精准性，也是设计人员必备的常识。数据与尺寸不仅影响着日常生活的舒适感，更影响设计的安全性。在众多的数据与尺寸之中，有的是有规范、标准等文件强制要求的，有的是判断工程质量等级的标准依据。

由于在家装、工装等装饰装修工程中，涉及的数据与尺寸众多且繁杂，即使是资深的设计师也无法做到面面俱到、完全知晓，因此，需要有一本能将这些繁杂的数据进行归类并能快速查找的书籍，基于此，我们编写了本书。

本书针对目前室内设计比较关注的人体工程学尺寸数据、空间布置数据、家具数据、照明数据、建材规格、施工数据和验收监督数据几个方面，进行了归纳与总结。本书不仅内容全面，而且在形式上也摆脱了笼统的表格化讲解，而是将常用数据与相关知识融合介绍，利用图片、SmartArt 图形等多种形式表达，提升了阅读感。另外，为了方便读者快速查阅，在书中特地制作了一目了然的目录速查表，让读者能够迅速地找到想了解的数据与尺寸。

装饰装修中涉及的一些数据与尺寸不是硬性规定的唯一具体数值，具体工程中采取什么数值需要针对具体项目和实际情况来调整。由于标准、规范等文件的更新、修订，相关的数据尺寸也会更新，因此，本书中一些数据尺寸有可能存在偏差，希望读者能够谅解。

前言

目录

第三章 建材规格与尺寸 125

第四章　施工数据与规范　　203

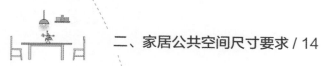

第一章
空间与尺寸

一、人体工程学尺寸参考

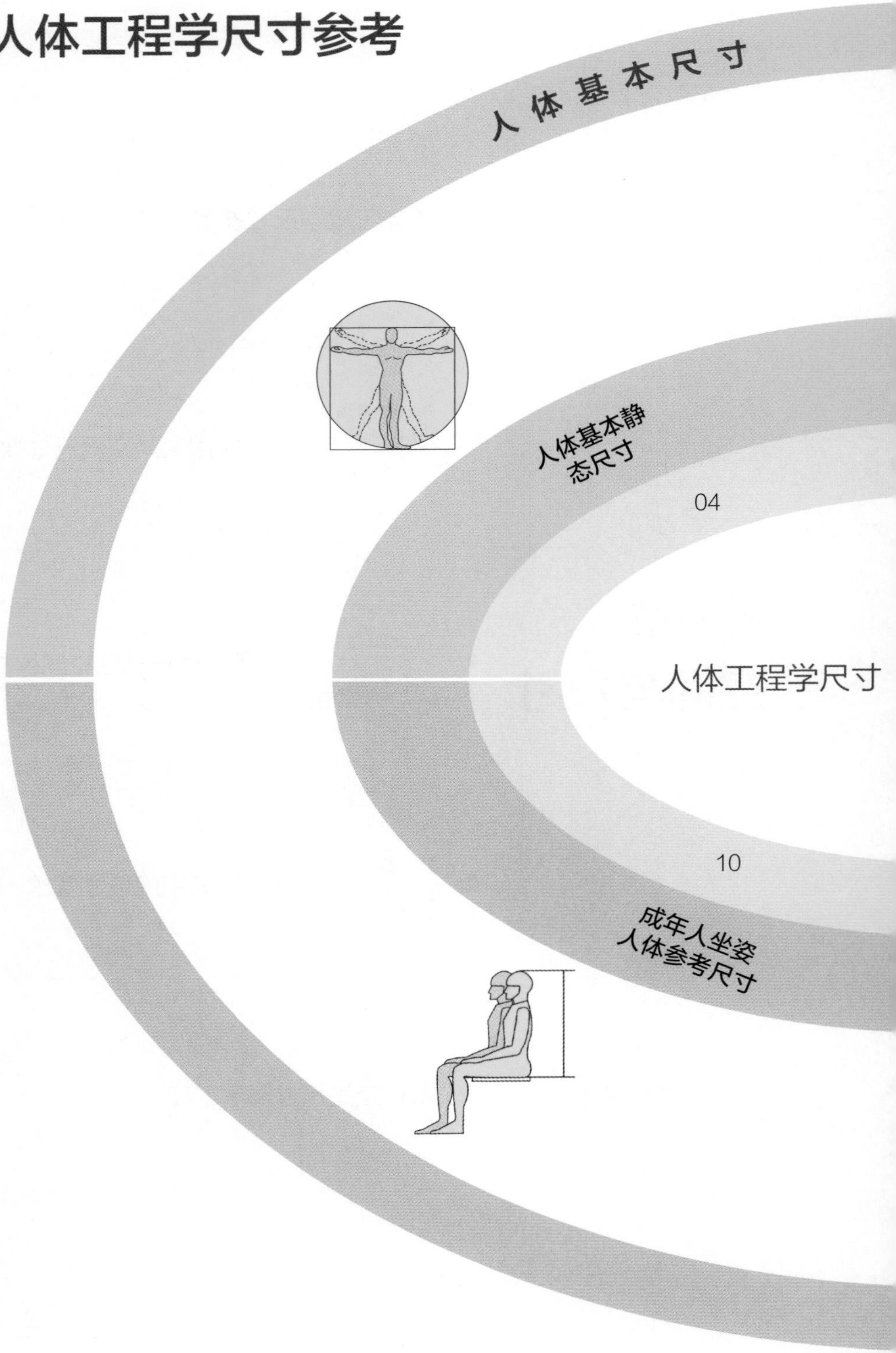

人体基本尺寸

人体基本静态尺寸

04

人体工程学尺寸

10

成年人坐姿人体参考尺寸

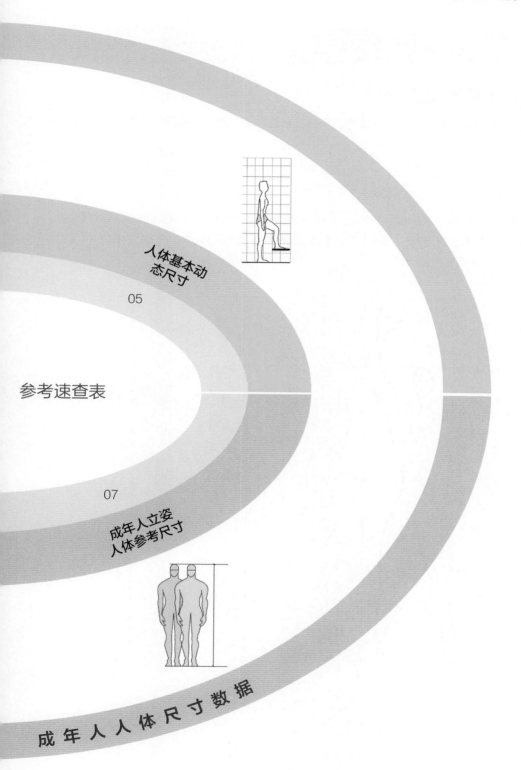

人体基本动态尺寸

05

参考速查表

07

成年人立姿人体参考尺寸

成 年 人 人 体 尺 寸 数 据

（一）人体基本尺寸

1. 人体基本静态尺寸

人体基本静态尺寸又称为人体构造尺寸，它包括头、躯干、四肢在标准状态下测量获得的尺寸。

（1）柯布西耶的模数人

模度系统的推导以身高为 6ft（约 1830mm）的人作为标准，结合斐波那契数列分析。对人体的分析得出的结论包括以下几个关键数字：举手高 2260mm，身高 1838mm，脐高 1130mm，垂手高 863mm。

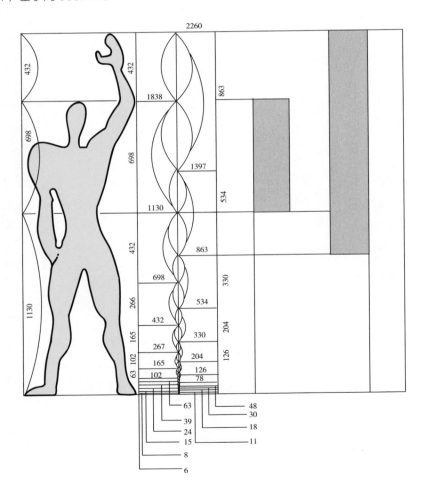

（2）维特鲁威人体尺寸

达·芬奇根据维特鲁威在《建筑十书》中的描述画出了《维特鲁威人》，展示了完美人体的肌肉构造和比例：一个站立的男人，双手侧向平伸的长度恰好是其高度，双足趾和双手指尖恰好在以肚脐为中心的圆周上。

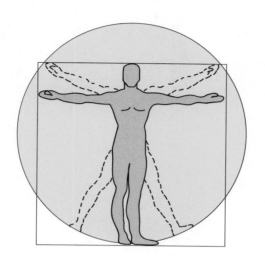

2. 人体基本动态尺寸

人体基本动态尺寸又称为人体功能尺寸，是在人体活动时所测得的尺寸。由于行为和目的的不同，人体的活动状态也不同，因而各功能尺寸也会有差异。

（1）立姿、上楼动作尺寸及活动空间

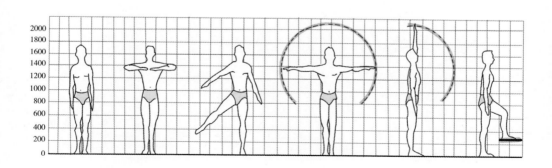

（2）爬梯、下楼、行走动作尺寸及活动空间

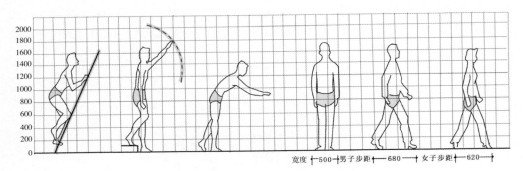

宽度├─500─┤男子步距├─680─┤├─女子步距─┤├─620─┤

（3）蹲姿、跪坐姿动作尺寸及活动空间

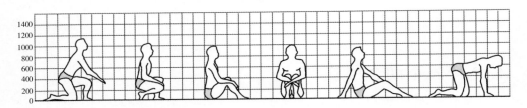

（4）躺姿、睡姿动作尺寸及活动空间

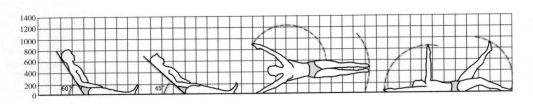

（二）成年人人体尺寸数据

1. 成年人立姿人体参考尺寸

（1）身高

用于确定通道和门的最小高度、人头顶上空悬挂家具等障碍物的高度。

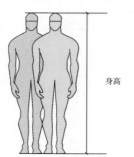

项目	5 百分位	50 百分位	95 百分位
身高	1583	1678	1775
	1483	1570	1659

（2）立姿眼高

确定人的视线高度，用于布置广告、展品，确定屏风和开敞式大办公室的隔断高度。

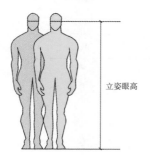

项目	5 百分位	50 百分位	95 百分位
立姿眼高	1474	1568	1664
	1371	1454	1541

（3）肩高

确定人们在行走时，肩部可能触及靠墙搁板等障碍物的高度。

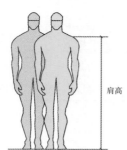

项目	5 百分位	50 百分位	95 百分位
肩高	1281	1367	1455
	1195	1271	1350

（4）立姿肘高

确定立姿工作表面的舒适高度是低于人肘部高度 75mm。

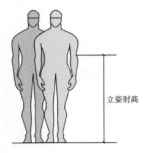

项目	5 百分位	50 百分位	95 百分位
立姿肘高	1195	1271	1350
	899	960	1023

（5）胫骨点高

结合其他尺寸确定立姿桌椅的舒适高度。

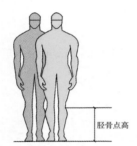

项目	5 百分位	50 百分位	95 百分位
胫骨点高	409	444	481
	377	410	444

（6）立姿臀宽

与坐姿臀宽（第 13 页）一同确定座椅内侧尺寸以及设计和选用办公室、柜台的椅子。

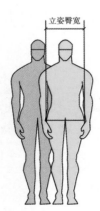

项目	5 百分位	50 百分位	95 百分位
立姿臀宽	282	306	334
	290	317	346

（7）立姿胸厚

确定用于限定储藏柜台及台前最小使用空间的水平尺寸。

项目	5百分位	50百分位	95百分位
立姿胸厚	186	212	245
	170	199	239

（8）立姿腹厚

确定人侧身通行时的最小距离，是极限值。

项目	5百分位	50百分位	95百分位
立姿腹厚	160	192	237
	151	186	238

（9）立姿中指指尖上举高

确定限定于上部的柜门、抽屉拉手的高度。

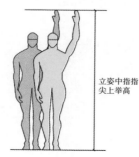

项目	5百分位	50百分位	95百分位
立姿中指指尖上举高	1971	2108	2245
	1845	1968	2089

2. 成年人坐姿人体参考尺寸

（1）肩宽

确定环绕桌子的座椅间距、椅背宽度、公用和专用空间的通道间距。

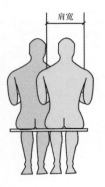

项目	5 百分位	50 百分位	95 百分位
肩宽	344	375	403
	320	351	377

（2）坐高

确定座椅上方障碍物的允许高度以及办公室、餐厅、酒吧里的隔断高度。

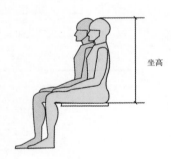

项目	5 百分位	50 百分位	95 百分位
坐高	858	908	958
	809	855	901

（3）坐姿眼高

确定诸如客厅、KTV 等需要良好视听条件的室内空间视线和最佳视区。

项目	5 百分位	50 百分位	95 百分位
坐姿眼高	749	798	847
	695	739	783

（4）坐姿肘高

与其他数据一同考虑，确定椅子扶手、工作台、书桌、餐桌等的高度。

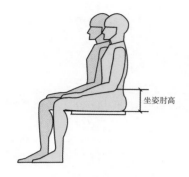

项目	5 百分位	50 百分位	95 百分位
坐姿肘高	228	263	298
	215	251	284

（5）坐姿膝高

确定从地面到书桌、餐桌、柜台、会议桌底面的距离，抽屉下方与地面间的适宜高度以及容膝高度。

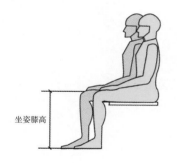

项目	5 百分位	50 百分位	95 百分位
坐姿膝高	456	493	532
	424	458	493

（6）坐姿大腿厚

确定台面底到限定椅面的最小垂距。

项目	5 百分位	50 百分位	95 百分位
坐姿大腿厚	112	130	151
	113	130	151

（7）小腿加足高

确定座椅面高度的关键尺寸，对于确定座椅前缘的最大高度来说尤为重要。

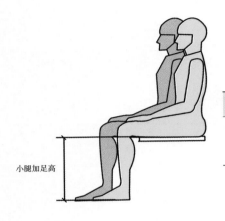

项目	5百分位	50百分位	95百分位
小腿加足高	383	413	448
	342	382	405

（8）坐深

确定座椅中腿的位置以及长凳和靠背椅前面的垂直面与座椅面的深度。

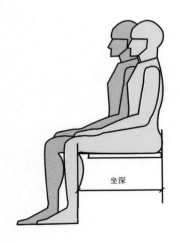

项目	5百分位	50百分位	95百分位
坐深	421	457	494
	401	433	469

（9）坐姿两肘间宽

确定餐桌、会议桌、柜台、牌桌周围座椅的位置。

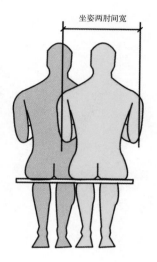

项目	5百分位	50百分位	95百分位
坐姿两肘间宽	371	422	489
	348	404	478

（10）坐姿臀宽

与立姿臀宽（第08页）一同确定座椅内侧尺寸以及设计和选用办公室、柜台的椅子。

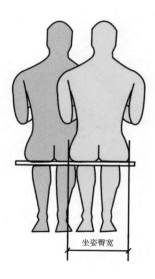

项目	5百分位	50百分位	95百分位
坐姿臀宽	295	321	355
	310	344	382

二、家居公共空间尺寸要求

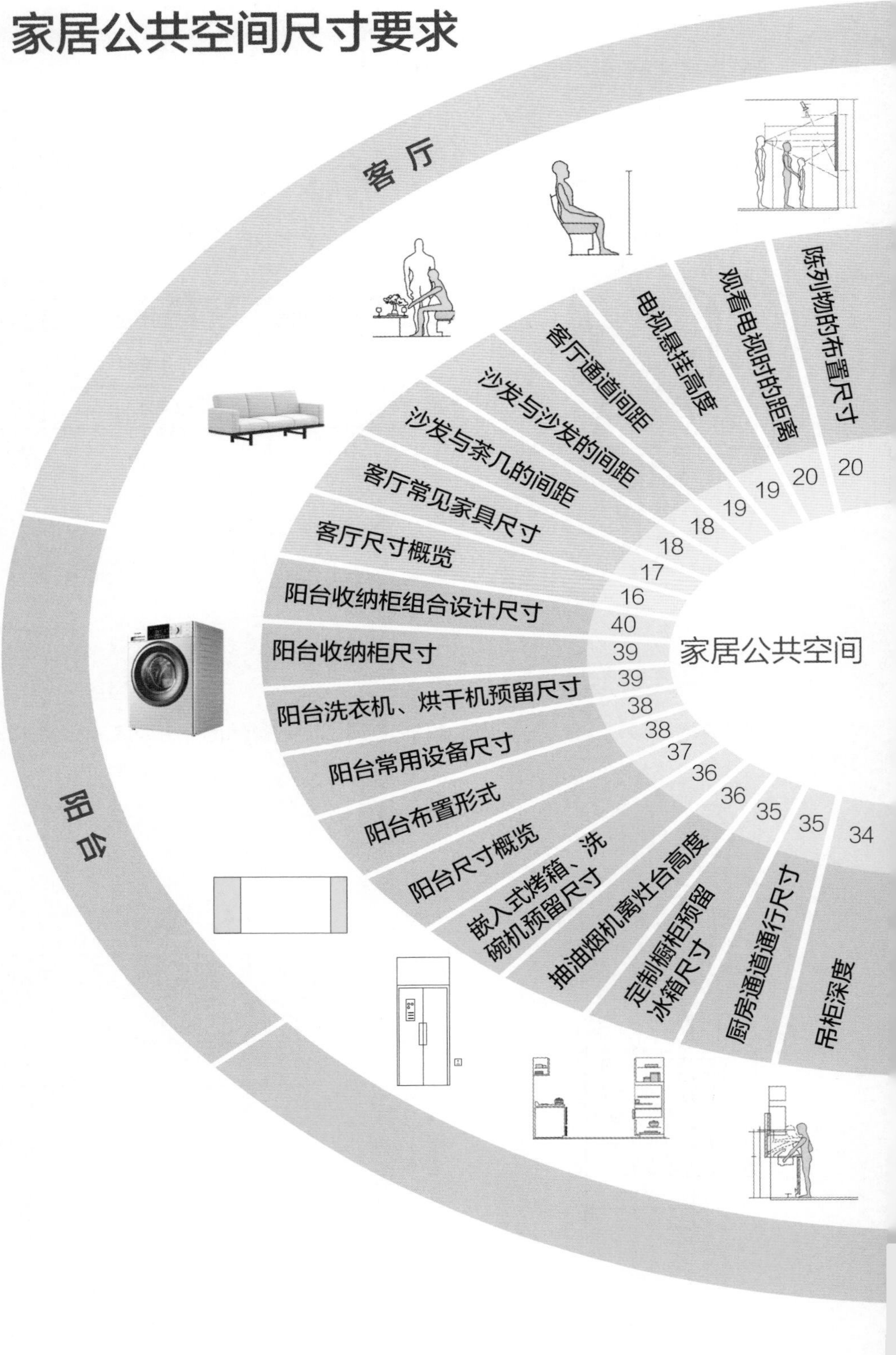

客厅

陈列物的布置尺寸   20

观看电视时的距离   20

电视悬挂高度   19

客厅通道间距   19

沙发与沙发的间距   18

沙发与茶几的间距   18

客厅常见家具尺寸   17

客厅尺寸概览   16

阳台收纳柜组合设计尺寸   40

阳台收纳柜尺寸   39

阳台洗衣机、烘干机预留尺寸   39

阳台常用设备尺寸   38

阳台布置形式   38

阳台尺寸概览   37

嵌入式烤箱、洗碗机预留尺寸   36

抽油烟机离灶台高度   36

定制橱柜预留冰箱尺寸   35

厨房通道通行尺寸   35

吊柜深度   34

家居公共空间

阳台

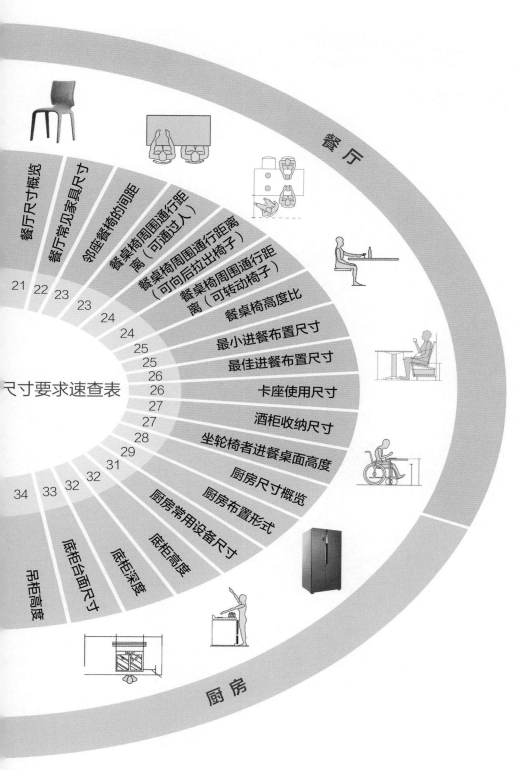

尺寸要求速查表

（一）客厅

1. 客厅尺寸概览

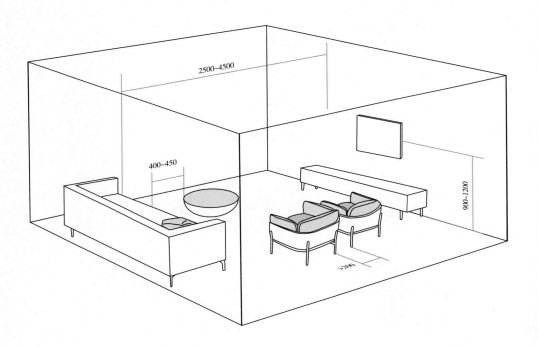

2. 客厅常见家具尺寸

三人沙发

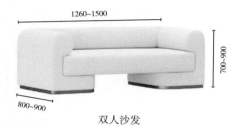

双人沙发

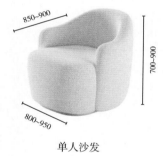

单人沙发

茶几

电视柜

3. 沙发与茶几的间距

　　沙发与茶几之间的通道可根据通行时的具体形态确定。若侧身通过，沙发与茶几之间的距离可以按照 650~700mm 的标准来摆放。正坐时，沙发与茶几之间的间距可以取 300mm，但通常以 400~450mm 为最佳标准。

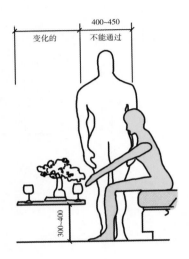

4. 沙发与沙发的间距

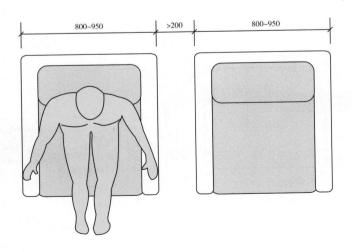

5. 客厅通道间距

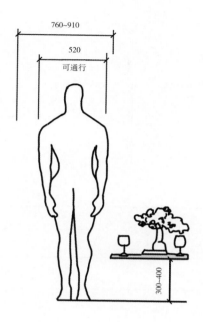

6. 电视悬挂高度

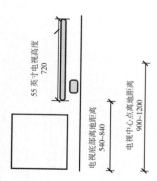

7.观看电视时的距离

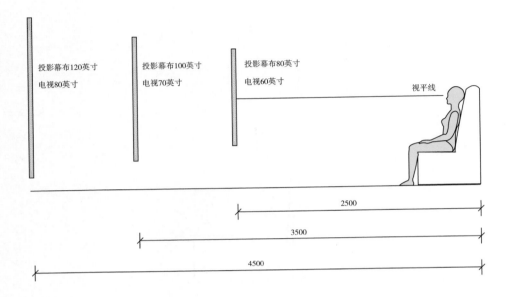

投影幕布120英寸
电视80英寸

投影幕布100英寸
电视70英寸

投影幕布80英寸
电视60英寸

视平线

2500

3500

4500

8.陈列物的布置尺寸

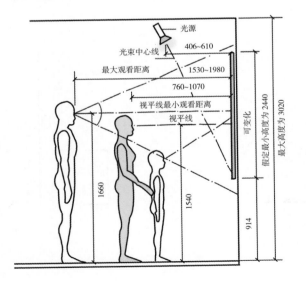

光源

光束中心线

406~610

最大观看距离

1530~1980

760~1070

视平线最小观看距离

视平线

可变化

假定最小高度为2440

最大高度为3020

1660

1540

914

（二）餐厅

1. 餐厅尺寸概览

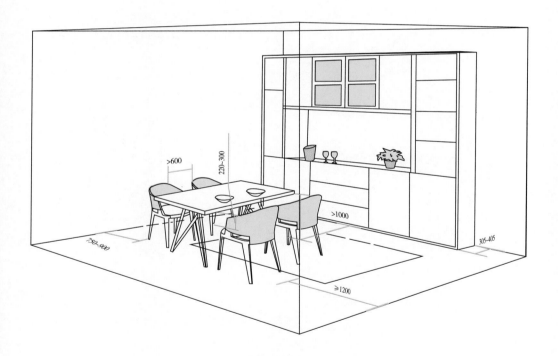

2. 餐厅常见家具尺寸

餐桌的净空高大于等于 580mm 即可，一般高度为 700~750mm。也可以根据使用者身高确定餐桌尺寸，公式如下。

$$一般座面高 = 身高 \times 0.25 - 10$$

$$桌面高 = 身高 \times 0.25 - 10 + 身高 \times 0.183 - 10$$

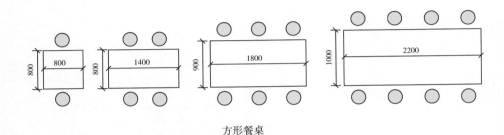

方形餐桌

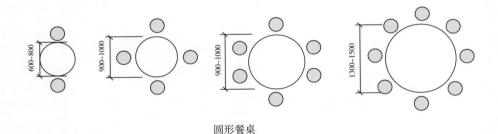

圆形餐桌

餐椅

3. 邻座餐椅的间距

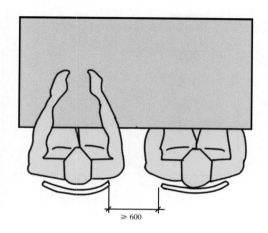

≥ 600

4. 餐桌椅周围通行距离（可通过人）

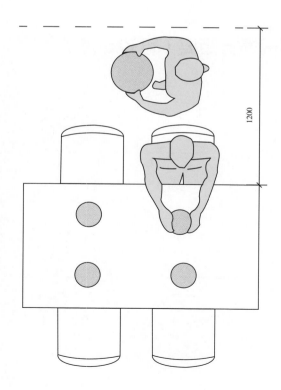

1200

5. 餐桌椅周围通行距离（可向后拉出椅子）

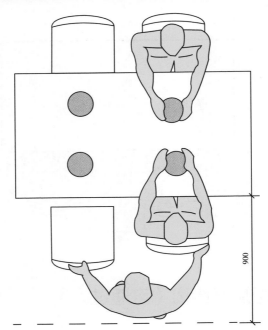

6. 餐桌椅周围通行距离（可转动椅子）

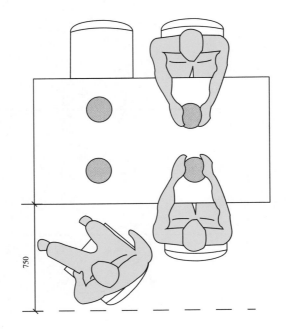

7. 餐桌椅高度比

无论餐桌多高，餐桌与椅子的相对高度都基本保持不变：相对高度＝桌面－椅面。相对高度会因使用者的体型不同而有变化，或者因为使用筷子、刀叉而略有改变，通常这一数值的范围是：220mm ≤相对高度≤ 300mm。

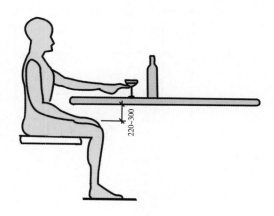

8. 最小进餐布置尺寸

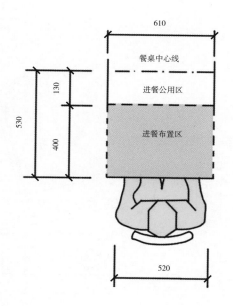

9. 最佳进餐布置尺寸

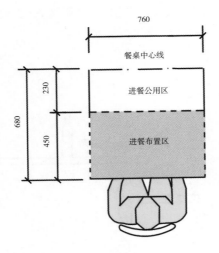

10. 卡座使用尺寸

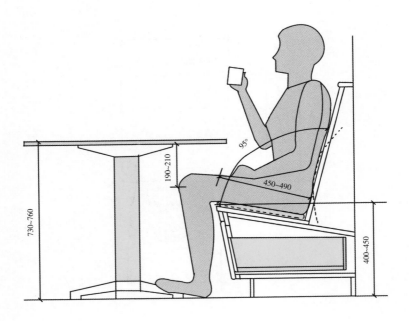

11. 酒柜收纳尺寸

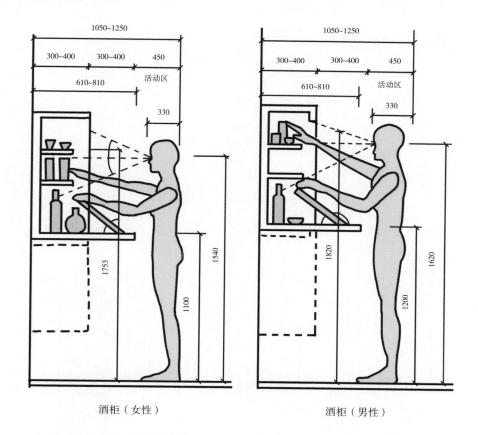

酒柜（女性）　　　　　　　　酒柜（男性）

12. 坐轮椅者进餐桌面高度

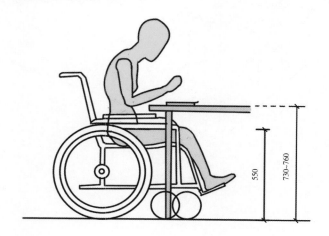

（三）厨房

1. 厨房尺寸概览

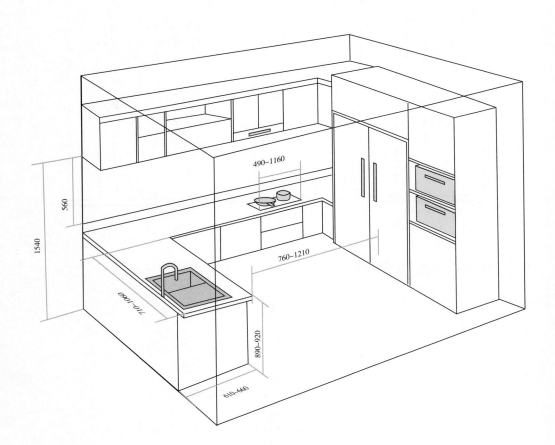

2. 厨房布置形式

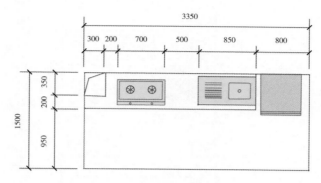

一字形厨房经济布置

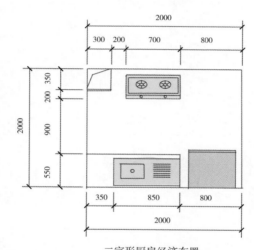

二字形厨房经济布置

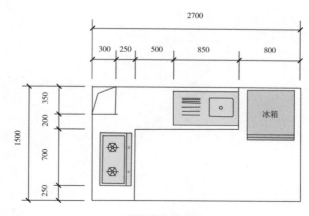

L形厨房经济布置

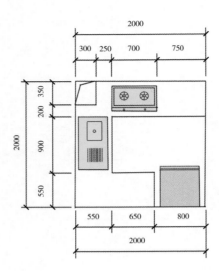

U 形厨房经济布置

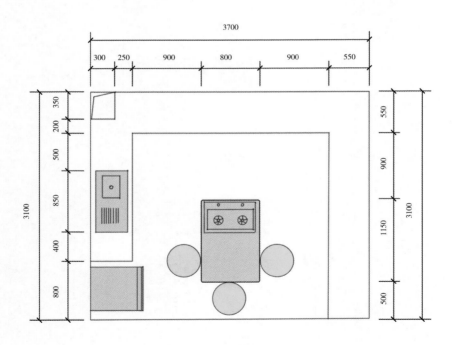

岛式厨房布置

3. 厨房常用设备尺寸

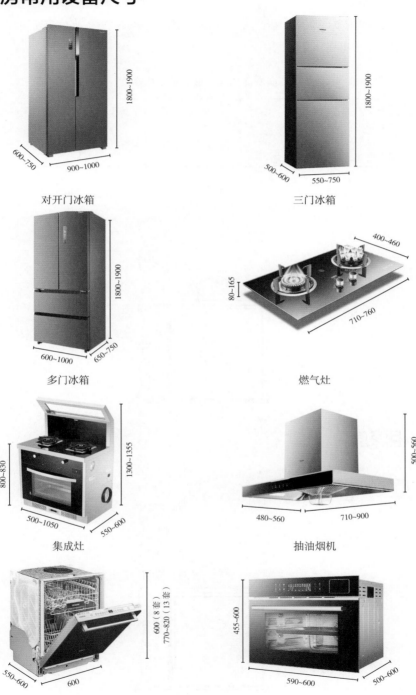

对开门冰箱

三门冰箱

多门冰箱

燃气灶

集成灶

抽油烟机

洗碗机

烤箱

4. 底柜高度

底柜的标准高度为 890~910mm，但不同身高的人对应的底柜高度有所不同，计算公式为：底柜高度 = 身高 ÷2+5。

不同身高的人与最舒适操作高度

身高 /cm	150	155	160	163	165	168	170	175	180
最舒适操作高度 /cm	80	82.5	85	86.7	87.5	89	90	92.5	95

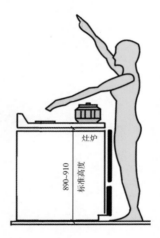

5. 底柜深度

6. 底柜台面尺寸

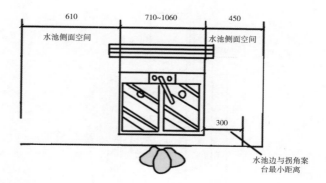

水槽区台面尺寸

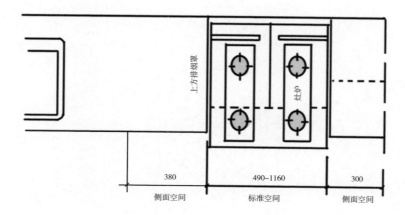

灶台区台面尺寸

7. 吊柜高度

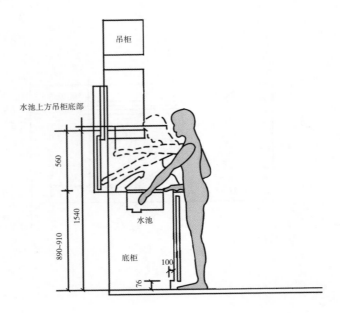

8. 吊柜深度

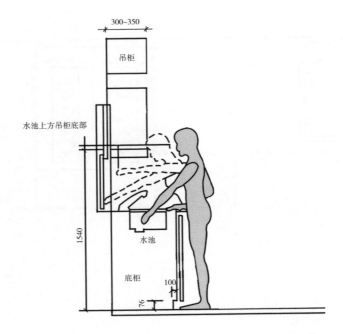

9. 厨房通道通行尺寸

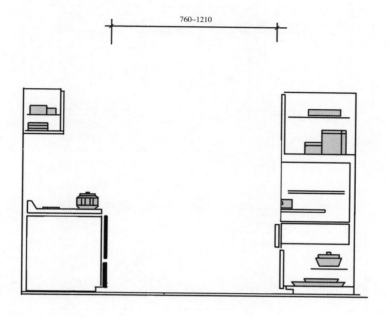

760~1210

10. 定制橱柜预留冰箱尺寸

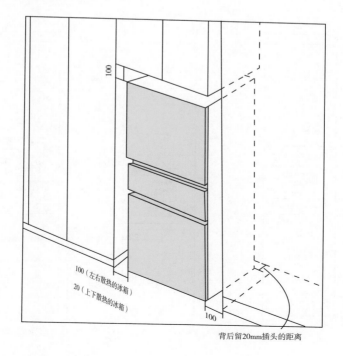

100

100（左右散热的冰箱）

20（上下散热的冰箱）

100

背后留20mm插头的距离

11. 抽油烟机离灶台高度

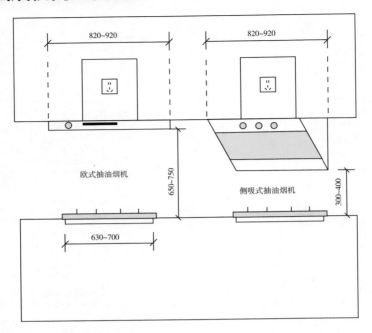

12. 嵌入式烤箱、洗碗机预留尺寸

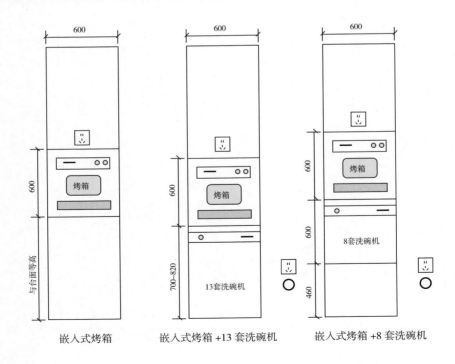

嵌入式烤箱　　　　　嵌入式烤箱+13套洗碗机　　　　　嵌入式烤箱+8套洗碗机

（四）阳台

1. 阳台尺寸概览

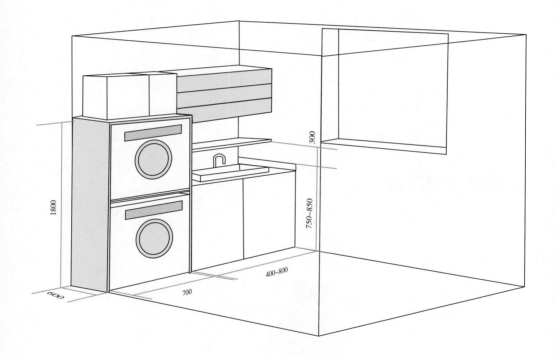

2. 阳台布置形式

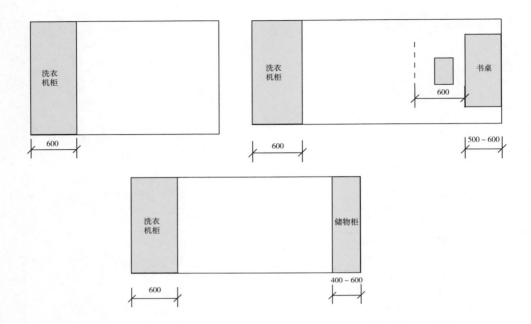

洗衣机柜 600

洗衣机柜 600 600 书桌 500~600

洗衣机柜 600 储物柜 400~600

3. 阳台常用设备尺寸

洗衣机、烘干机

4. 阳台洗衣机、烘干机预留尺寸

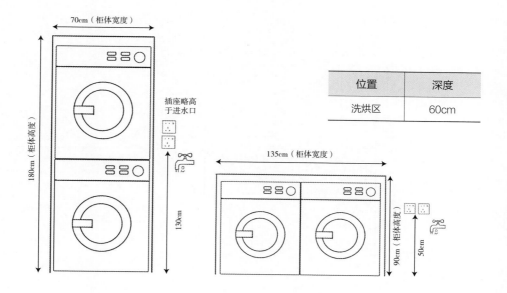

位置	深度
洗烘区	60cm

5. 阳台收纳柜尺寸

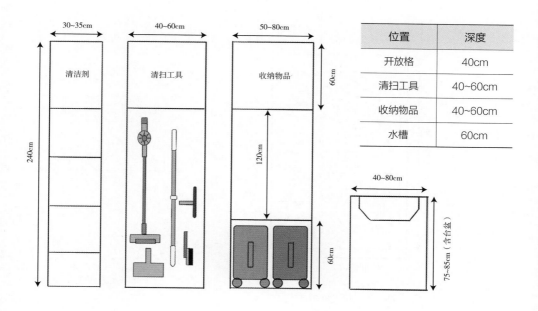

位置	深度
开放格	40cm
清扫工具	40~60cm
收纳物品	40~60cm
水槽	60cm

6. 阳台收纳柜组合设计尺寸

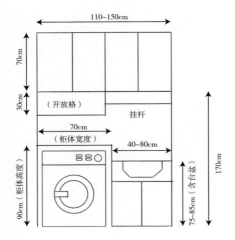

洗衣机 + 水槽 + 收纳柜

位置	深度
上柜	30~35cm
下柜	60cm

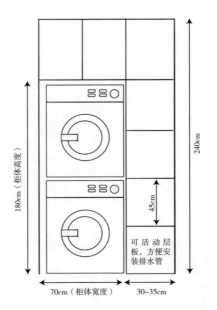

洗衣机 + 烘干机 + 收纳柜

位置	深度
左柜	60cm
右柜	40~60cm

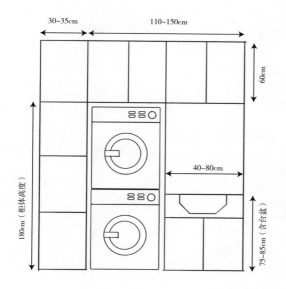

位置	深度
右上柜	30~35cm
右下柜	60cm
左柜	60cm

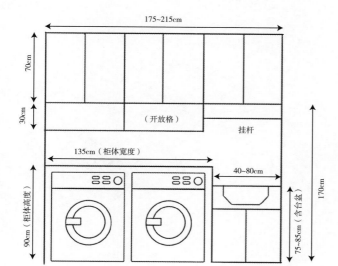

位置	深度
上柜	30~35cm
下柜	60cm

洗衣机＋烘干机＋水槽＋收纳柜

三、家居私密空间尺寸要求

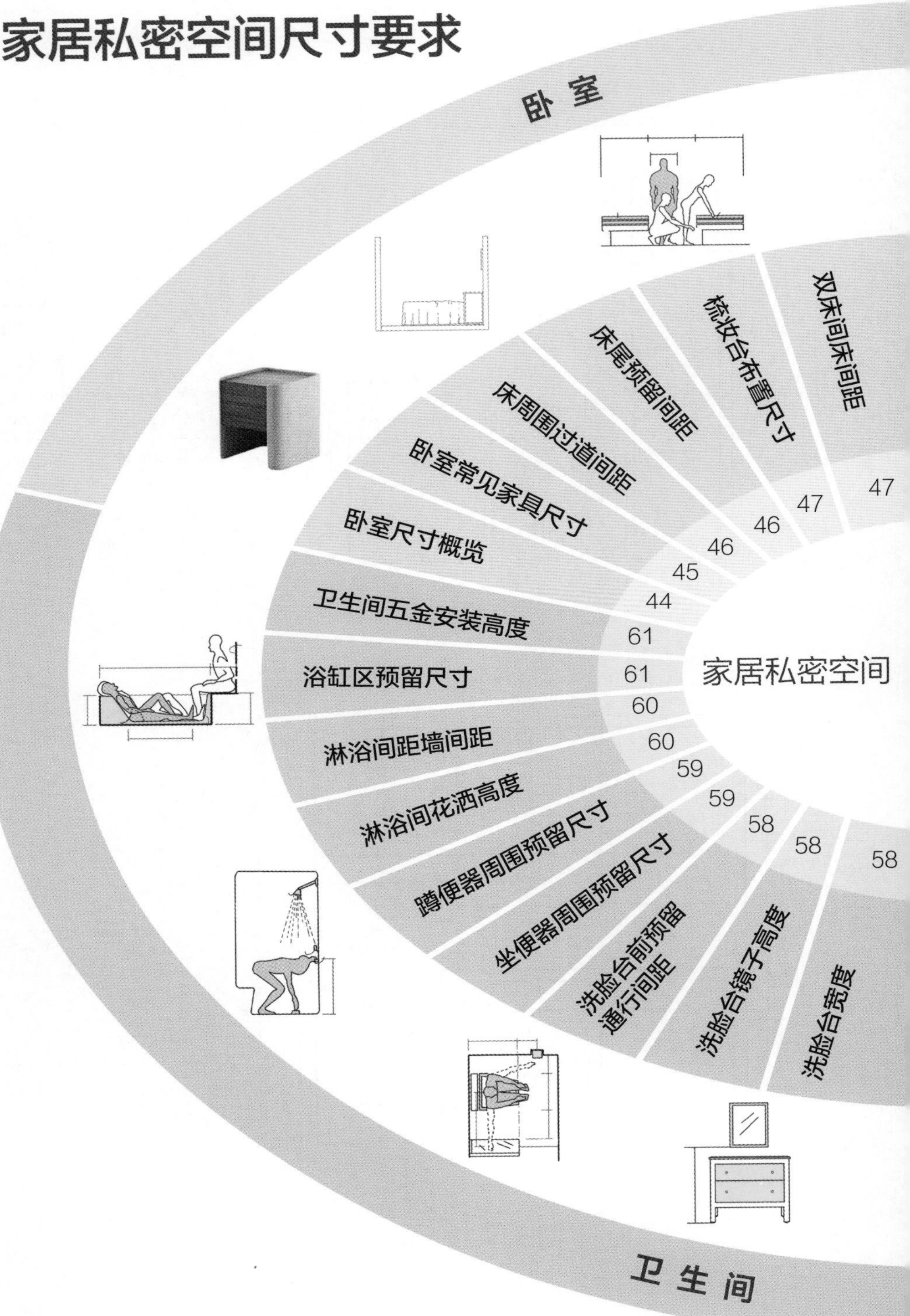

卧 室

双床间床间距   47

梳妆台布置尺寸   47

床尾预留间距   46

床周围过道间距   46

卧室常见家具尺寸   45

卧室尺寸概览   44

卫生间五金安装高度   61

浴缸区预留尺寸   61

淋浴间距墙间距   60

淋浴间花洒高度   60

蹲便器周围预留尺寸   59

坐便器周围预留尺寸   59

洗脸台前预留通行间距   58

洗脸台镜子高度   58

洗脸台宽度   58

家居私密空间

卫 生 间

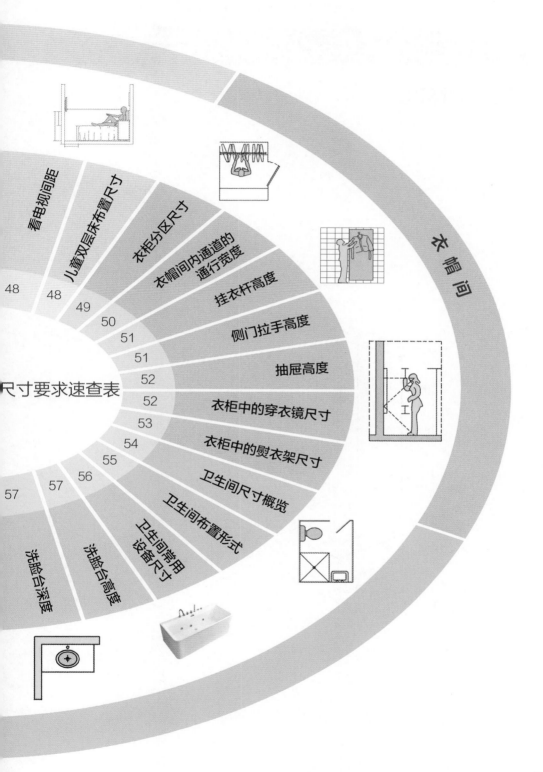

尺寸要求速查表

看电视视距　48

儿童双层床布置尺寸　48

衣柜分区尺寸　49

衣帽间内通道的通行宽度　50

挂衣杆高度　51

侧门拉手高度　51

抽屉高度　52

衣柜中的穿衣镜尺寸　52

衣柜中的熨衣架尺寸　53

卫生间尺寸概览　54

卫生间布置形式　55

卫生间常用设备尺寸　56

洗脸台高度　57

洗脸台深度　57

衣帽间

（一）卧室

1. 卧室尺寸概览

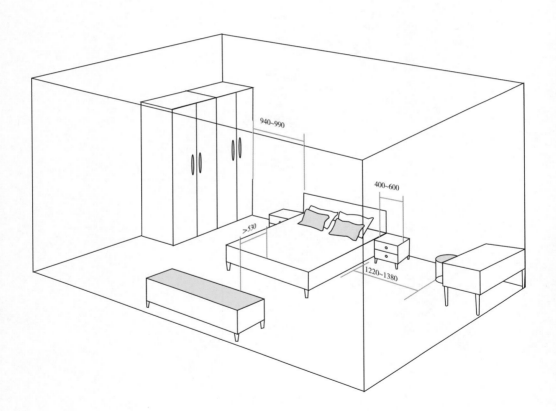

2. 卧室常见家具尺寸

1350~2000（双人床）
7000~1200（单人床）

1900~2200

≤ 450

床

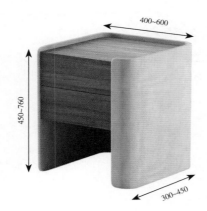

400~600

450~760

300~450

床头柜

900~1350

1000~1200

500~600

斗柜

3. 床周围过道间距

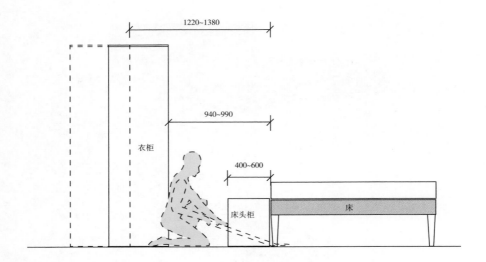

4. 床尾预留间距

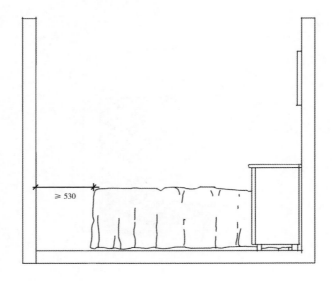

5. 梳妆台布置尺寸

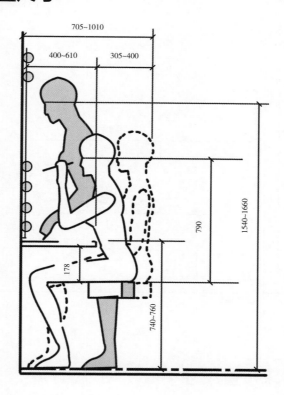

6. 双床间床间距

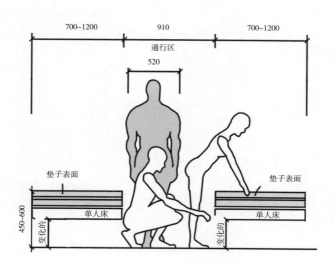

7. 看电视间距

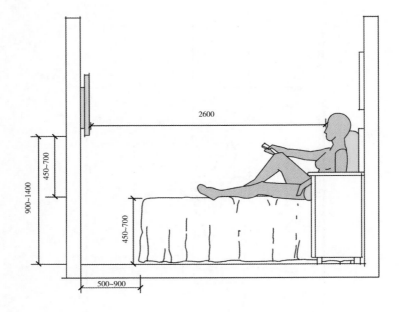

8. 儿童双层床布置尺寸

儿童双层床通常靠墙摆放，在摆放时需要根据上层床的通道留出相应空间。

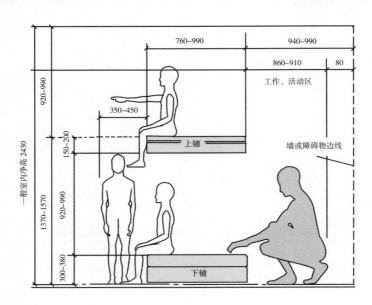

（二）衣帽间

1. 衣柜分区尺寸

第一区域：600~1800mm，以人肩为轴，是上肢半径活动的范围。此区域内存取物品最方便，使用率最高，人的视线最容易看到，一般存取常用物品，例如当季衣物、内衣、包和帽子等。

第二区域：600mm以下，是地面到人体手臂下垂时指尖的垂直距离范围，此区域内存取不太方便，使用频率一般，必须下蹲才能操作。一般存取笨重或较不常用的物品，如杂物箱、床单被套、过季衣物。

第三区域：1800mm以上，是人体手臂向上伸直时指尖以上的范围，此区域内存取物品不方便，使用频率不高，一般存取较轻或不常用的物品，如过季性衣物、棉被、靠垫及毛绒制品、旅行包等。

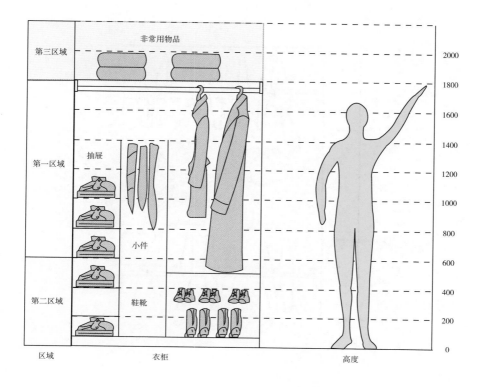

2. 衣帽间内通道的通行宽度

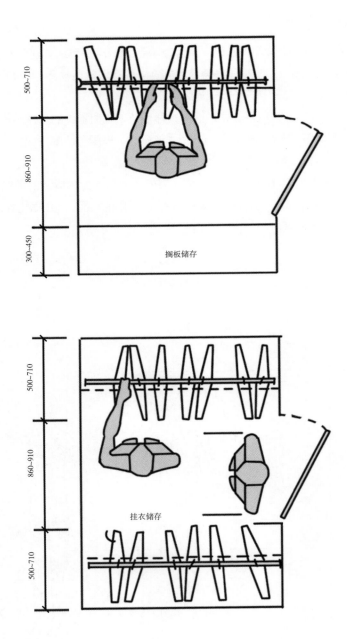

搁板储存

挂衣储存

3. 挂衣杆高度

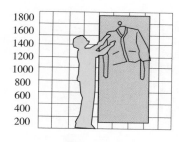

挂衣杆的最高位置

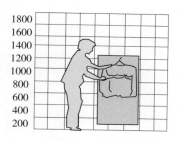

挂衣杆的最低位置

4. 侧门拉手高度

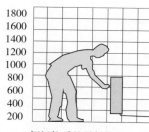

侧门拉手的最低位置

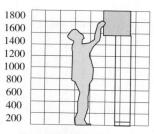

侧门拉手的最高位置

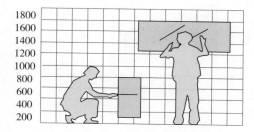

玻璃推拉门拉手的最低及最高位置

5. 抽屉高度

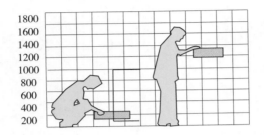

6. 衣柜中的穿衣镜尺寸

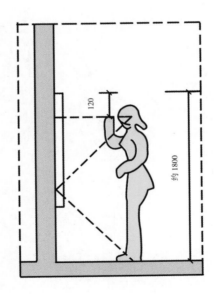

7. 衣柜中的熨衣架尺寸

（三）卫生间

1. 卫生间尺寸概览

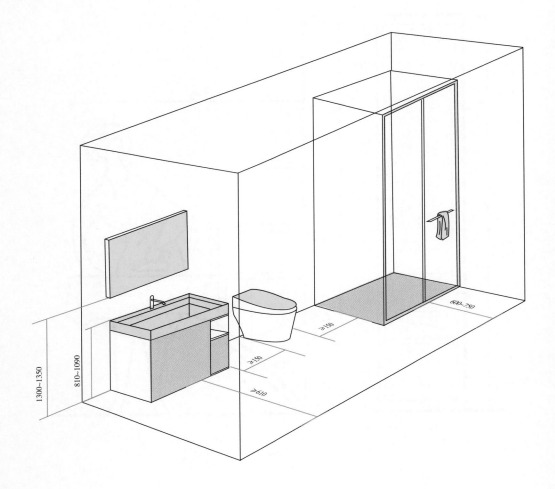

2. 卫生间布置形式

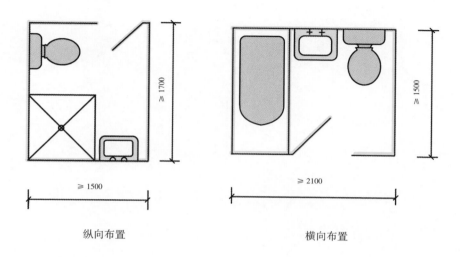

纵向布置　　　　　　　　　　　横向布置

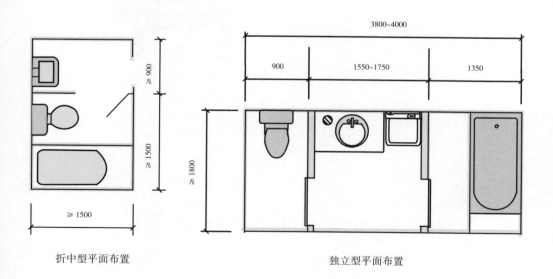

折中型平面布置　　　　　　　　独立型平面布置

3. 卫生间常用设备尺寸

坐便器

洗脸台

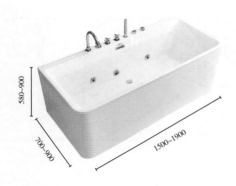

浴缸

4. 洗脸台高度

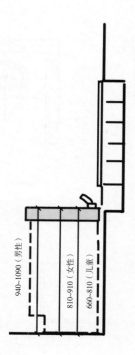

940~1090（男性）
810~910（女性）
660~810（儿童）

5. 洗脸台深度

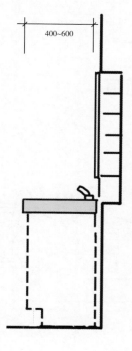

400~600

6. 洗脸台宽度

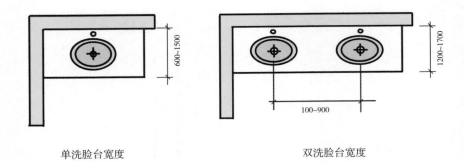

单洗脸台宽度   双洗脸台宽度

7. 洗脸台镜子高度

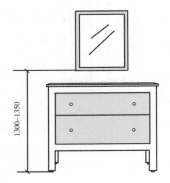

8. 洗脸台前预留通行间距

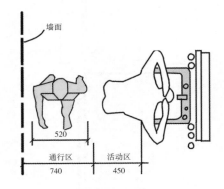

9. 坐便器周围预留尺寸

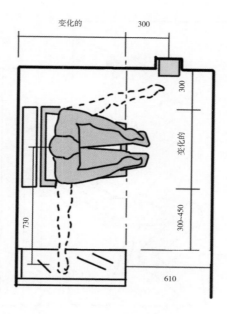

10. 蹲便器周围预留尺寸

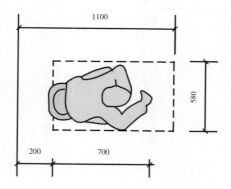

11. 淋浴间花洒高度

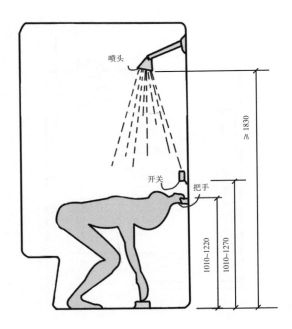

喷头

≥1830

开关

把手

1010~1220

1010~1270

12. 淋浴间距墙间距

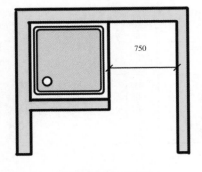

淋浴间距墙最佳距离

750

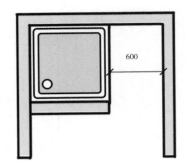

淋浴间距墙最小距离

600

13. 浴缸区预留尺寸

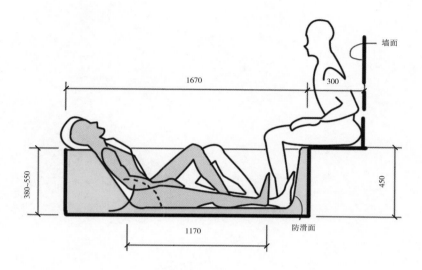

14. 卫生间五金安装高度

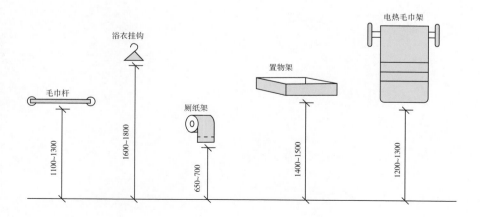

四、办公空间尺寸要求

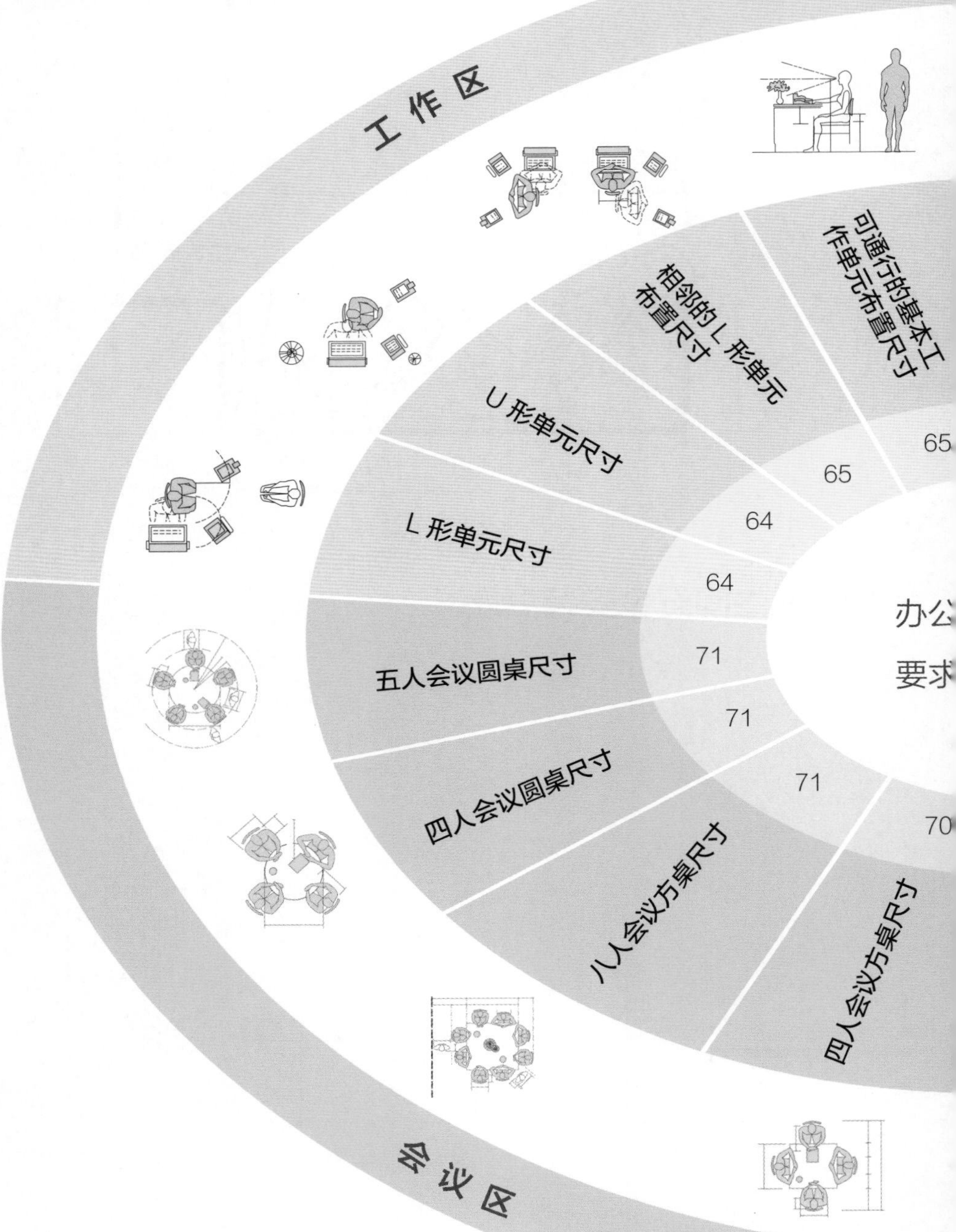

工作区

可通行的基本工
作单元布置尺寸

相邻的L形单元
布置尺寸

U形单元尺寸

L形单元尺寸

五人会议圆桌尺寸

四人会议圆桌尺寸

八人会议方桌尺寸

四人会议方桌尺寸

65

65

64

64

71

71

71

70

办公
要求

会议区

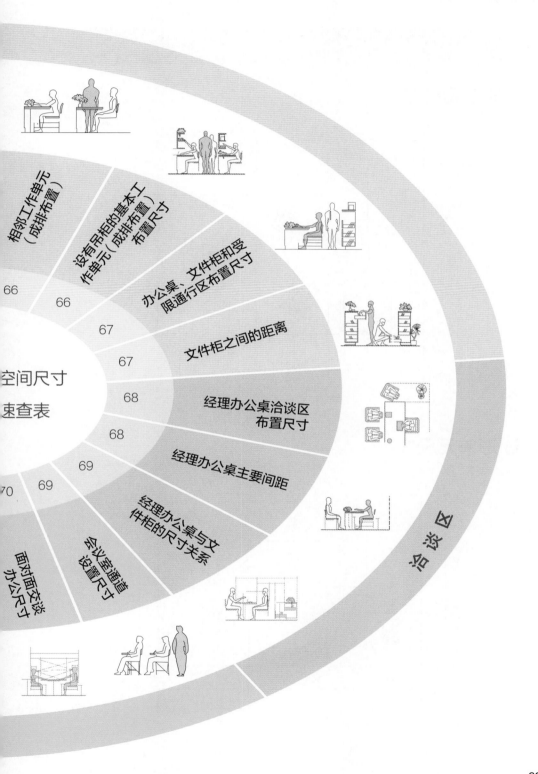

相邻工作单元（成排布置）

66

没有吊柜的基本工作单元（成排布置）布置尺寸

66

办公桌、文件柜和受限通行区布置尺寸

67

文件柜之间的距离

67

空间尺寸速查表

经理办公桌洽谈区布置尺寸

68

经理办公桌主要间距

68

经理办公桌与文件柜的尺寸关系

69

会议室通道设置尺寸

69

面对面交谈办公尺寸

70

洽谈区

（一）工作区

1.L 形单元尺寸

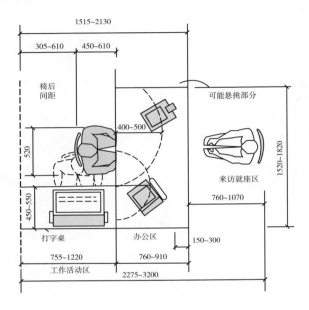

2.U 形单元尺寸

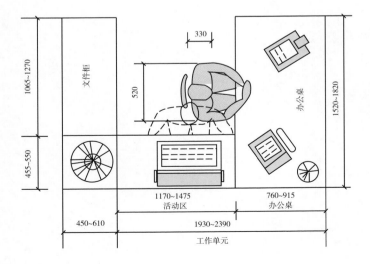

3. 相邻的 L 形单元布置尺寸

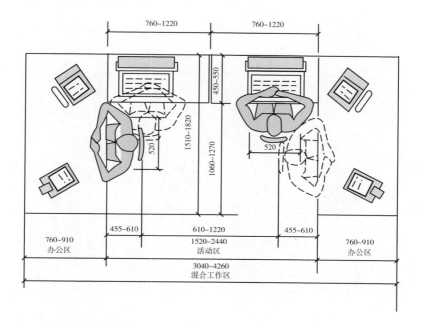

4. 可通行的基本工作单元布置尺寸

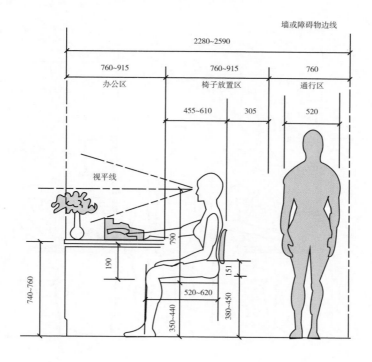

5. 相邻工作单元（成排布置）

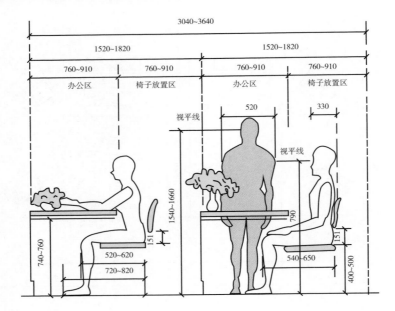

6. 设有吊柜的基本工作单元（成排布置）布置尺寸

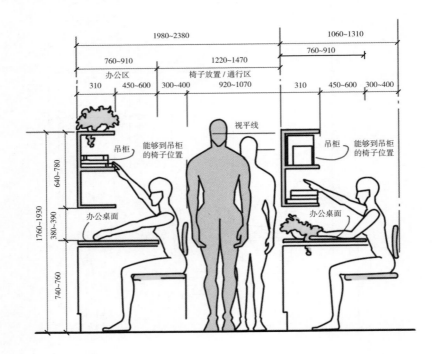

7. 办公桌、文件柜和受限通行区布置尺寸

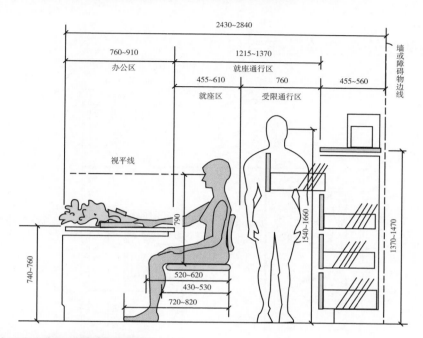

8. 文件柜之间的距离

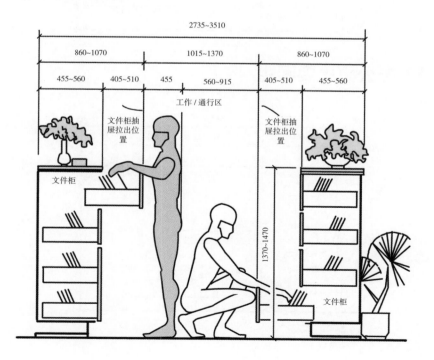

（二）洽谈区

1. 经理办公桌洽谈区布置尺寸

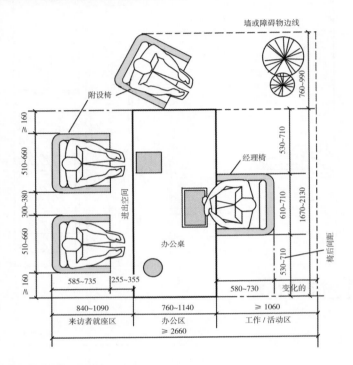

2. 经理办公桌主要间距

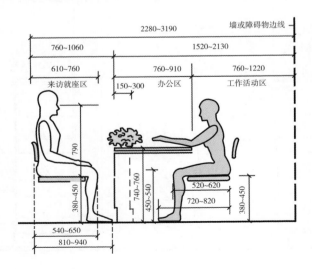

3. 经理办公桌与文件柜的尺寸关系

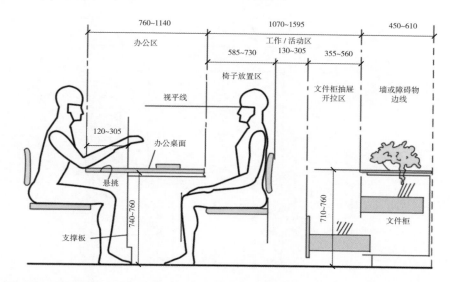

（三）会议区

1. 会议室通道设置尺寸

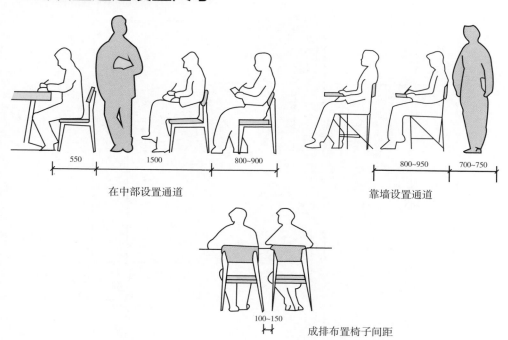

在中部设置通道

靠墙设置通道

成排布置椅子间距

2. 面对面交谈办公尺寸

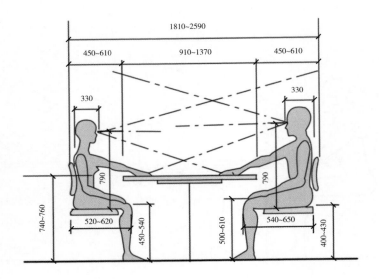

3. 四人会议方桌尺寸

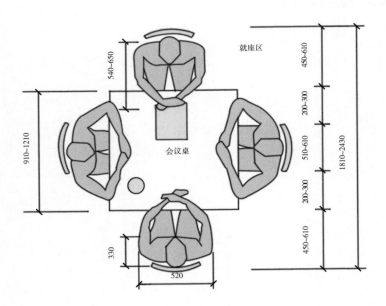

4. 八人会议方桌尺寸

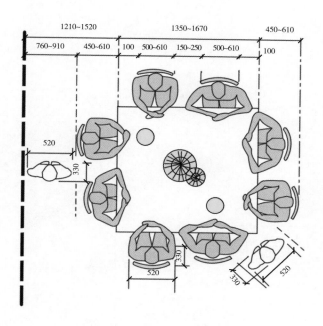

5. 四人会议圆桌尺寸

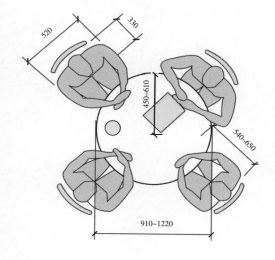

6. 五人会议圆桌尺寸

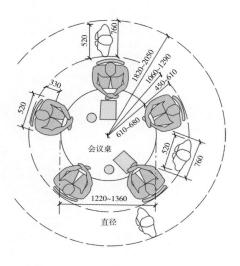

五、餐饮空间尺寸要求

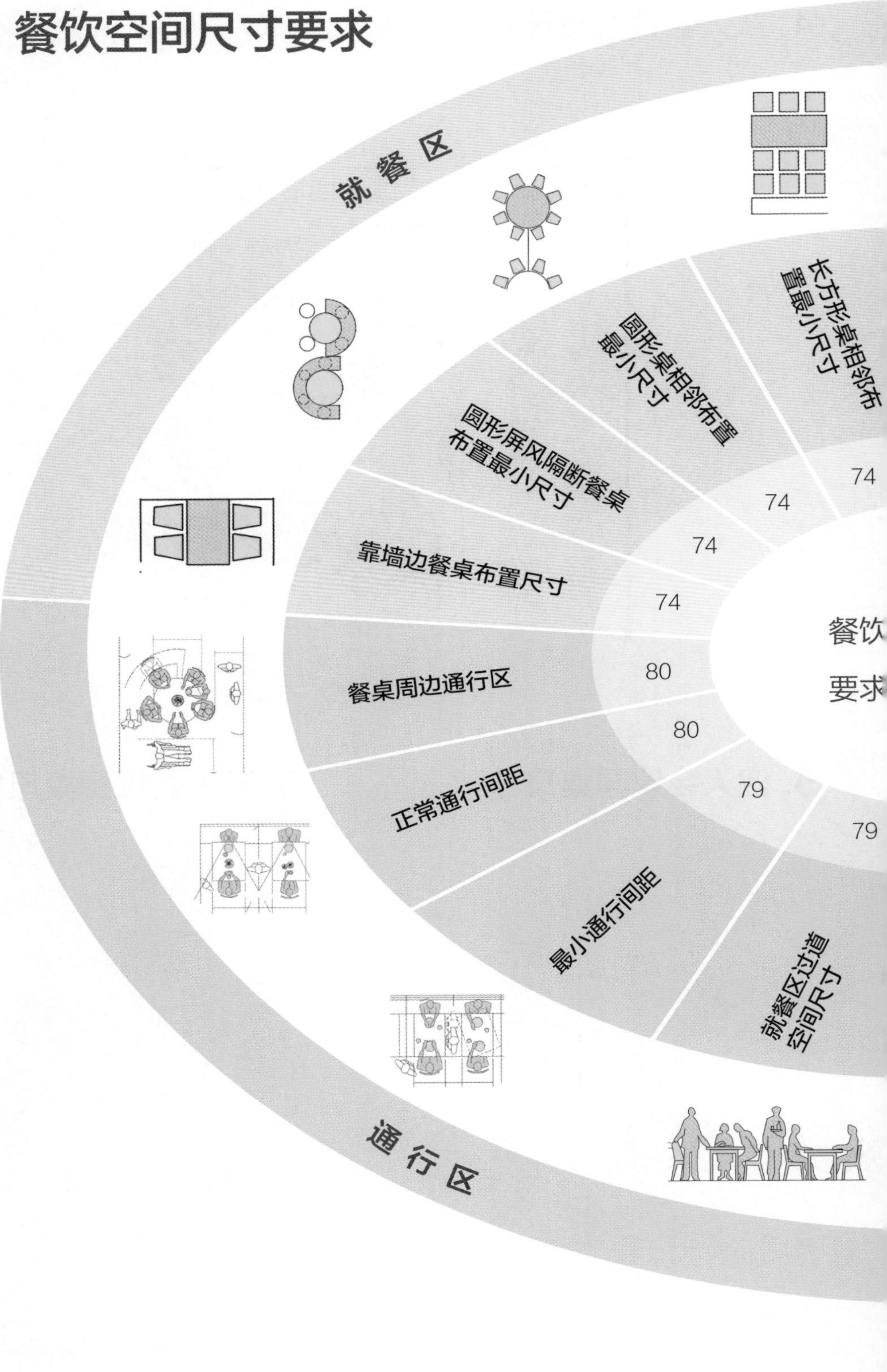

就餐区

通行区

长方形桌相邻布置最小尺寸　74

圆形桌相邻布置最小尺寸　74

圆形屏风隔断餐桌布置最小尺寸　74

靠墙边餐桌布置尺寸　80

餐桌周边通行区　80

正常通行间距　79

最小通行间距　79

就餐区过道空间尺寸

餐饮
要求

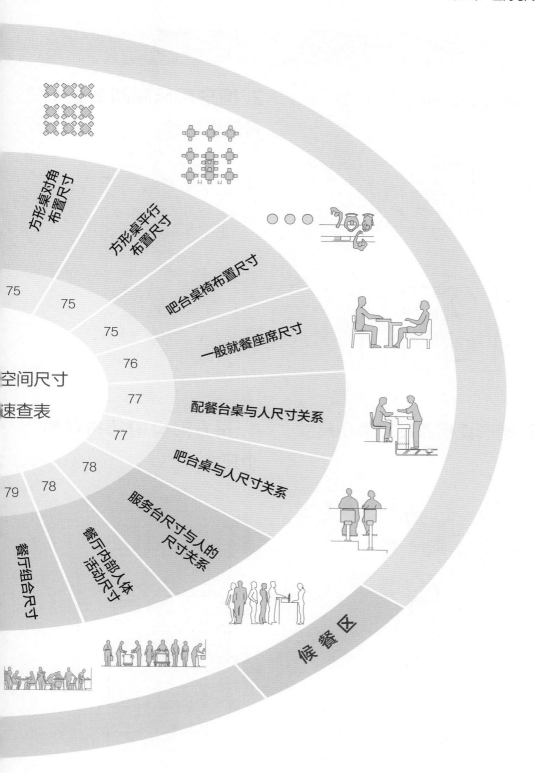

方形桌对角布置尺寸

方形桌平行布置尺寸

吧台桌椅布置尺寸

一般就餐座席尺寸

配餐台桌与人尺寸关系

吧台桌与人尺寸关系

服务台尺寸与人的尺寸关系

餐厅内部人体活动尺寸

餐厅组合尺寸

空间尺寸速查表

75

75

75

76

77

77

78

78

79

候餐区

（一）就餐区

1. 靠墙边餐桌布置尺寸

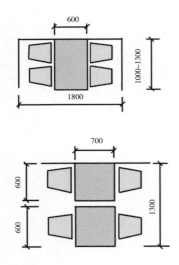

2. 圆形屏风隔断餐桌布置最小尺寸

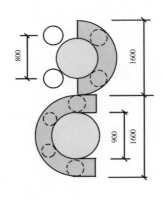

3. 圆形桌相邻布置最小尺寸

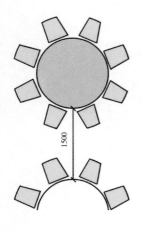

4. 长方形桌相邻布置最小尺寸

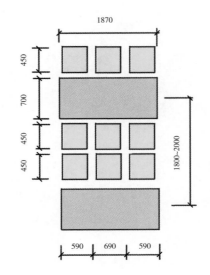

5. 方形桌对角布置尺寸

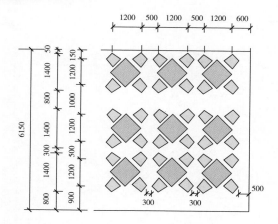

6. 方形桌平行布置尺寸

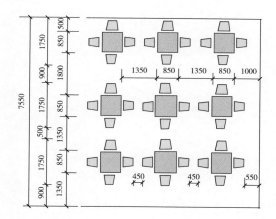

7. 吧台桌椅布置尺寸

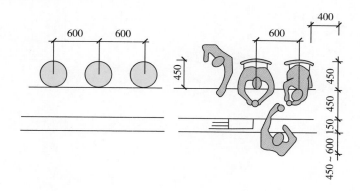

8.一般就餐座席尺寸

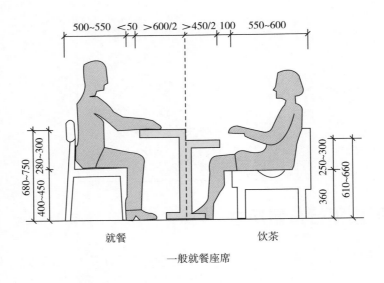

就餐　　　　　　　　　饮茶

一般就餐座席

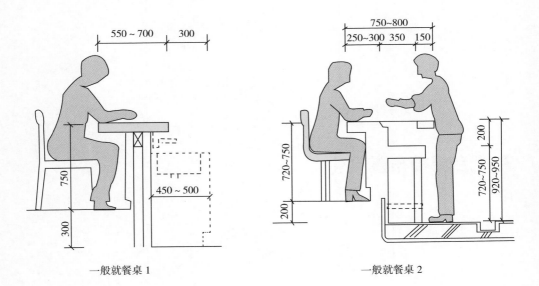

一般就餐桌 1　　　　　　　　　　　一般就餐桌 2

9. 配餐台桌与人尺寸关系

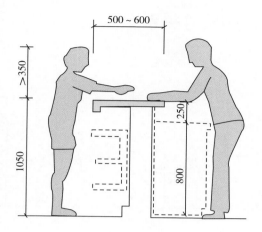

10. 吧台桌与人尺寸关系

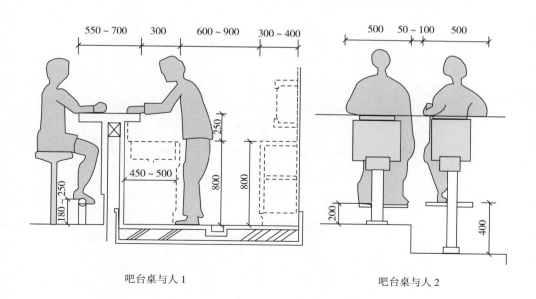

吧台桌与人 1　　　　　　　　　　吧台桌与人 2

（二）候餐区

服务台尺寸与人的尺寸关系

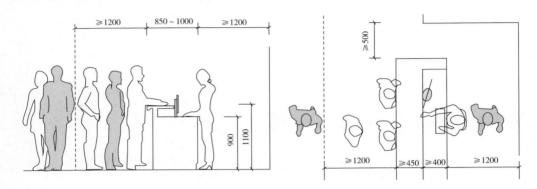

（三）通行区

1. 餐厅内部人体活动尺寸

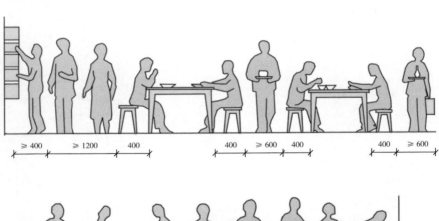

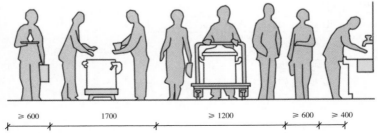

2. 餐厅组合尺寸

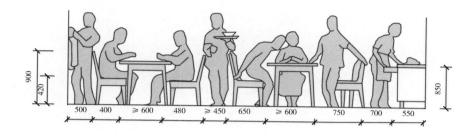

3. 就餐区过道空间尺寸

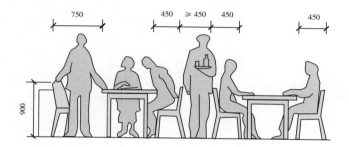

4. 最小通行间距

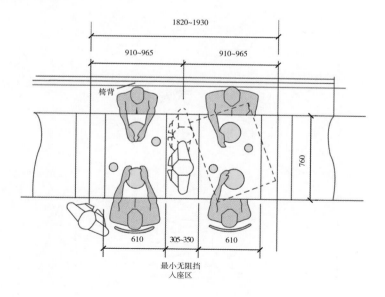

5. 正常通行间距

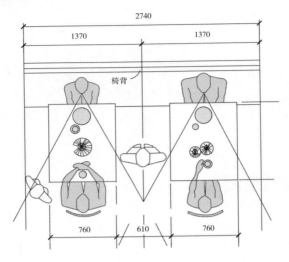

6. 餐桌周边通行区

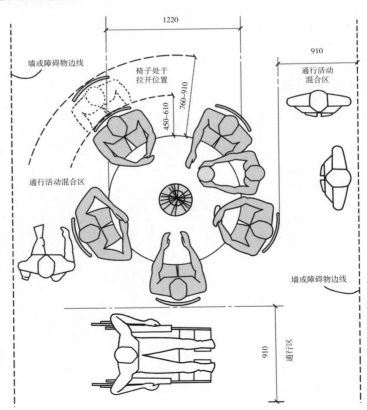

第二章
照明数据
与参数

一、照明基本标准

照明质量

工作房间环境
亮度的控制范围

室内照度均匀度

85

85

室内照度估算参考 84

照明基本

90

89

89

不同配光灯具的
适用场所

按灯具的安装方
式分类和选型

按使用的光源
分类和类型

照明灯具

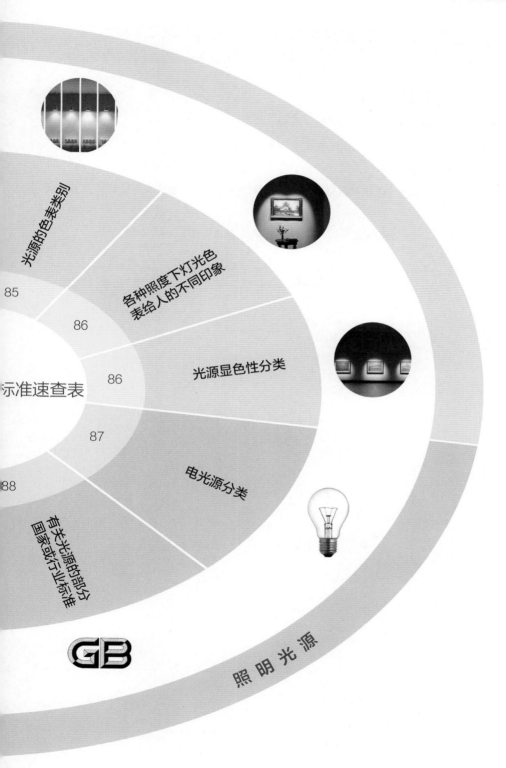

光源的色表类别

各种照度下灯光色表给人的不同印象

光源显色性分类

电光源分类

有关光源的部分国家或行业标准

照明光源

标准速查表

85

86

86

87

88

GB

（一）照明质量

1. 室内照度估算参考

北美照明学会将推荐照度值分为三类、七级。

第 I 类是指简单的视觉作业和定向要求，主要是指公共空间。

第 II 类是指普通的视觉作业，包括商业、办公、工业和住宅等大多数场所。

第 III 类是指特殊的视觉作业，包括尺寸很小、对比很低，而视觉效能又极其重要的作业对象。

这种简单明了的照度级别规定可以帮助设计师估算设计照度时参考。

类别	级别	项目	照度 / lx
I	A	公共空间	30
	B	短暂访问和简单定向	50
	C	进行简单视觉作业的工作空间	100
II	D	高对比、大尺寸的视觉作业	300
	E	高对比、小尺寸或低对比、大尺寸的视觉作业	500
	F	低对比、小尺寸的视觉作业	1000
III	G	进行接近阈限的视觉作业	3000~10000

2. 室内照度均匀度

室内照明度均匀度通常以一般照明系统在工作面上产生的最小照度与平均照度之比表示，不同场所其要求也不同，一般作业不应小于 0.6。

工作房间中非工作区的平均照度不应低于工作区临近周围平均照度的 1/3。

直接连通的两个相邻的工作房间的平均照度差别也不应大于 5：1。

3. 工作房间环境亮度的控制范围

工作房间的表面	反射比	照度比 *
顶棚	0.60~0.90	0.20~0.90
墙	0.30~0.80	0.40~0.80
地面	0.10~0.50	0.70~1.00
工作面	0.20~0.60	1.00

 注 ▶ * 表示给定表面照度与工作面照度之比。

4. 光源的色表类别

类别	色表	相关色温 / K	应用场所举例
I	暖	< 3300	客房、卧室、病房、酒吧、餐厅
II	中间	3300~5300	办公室、阅览室、教室、诊室、机加工车间，仪表装配
III	冷	> 5300	高照度场所、热加工车间或白天需补充自然光的房间

5. 各种照度下灯光色表给人的不同印象

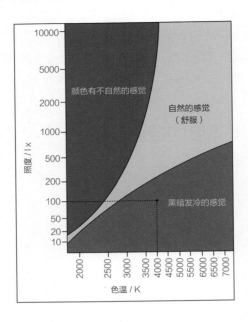

6. 光源显色性分类

显色性能类别	显色指数范围	色表	应用示例	
			优先采用	允许采用
I	$R_a \geqslant 90$	暖	颜色匹配	—
		中间	医疗诊断、画廊	
		冷	—	
	$80 \leqslant R_a < 90$	暖	住宅、旅馆、餐馆	
		中间	商店、办公室、学校、医院、印刷、油漆和纺织工业	
		冷	视觉费力的工业生产场所	
II	$60 \leqslant R_a < 80$	暖	高大的工业生产场所	
		中间	—	
		冷	—	
III	$40 \leqslant R_a < 60$	—	粗加工工业	工业生产
IV	$20 \leqslant R_a < 40$	—	—	粗加工工业，显色性要求低的工业生产场所、库房

（二）照明光源

1. 电光源分类

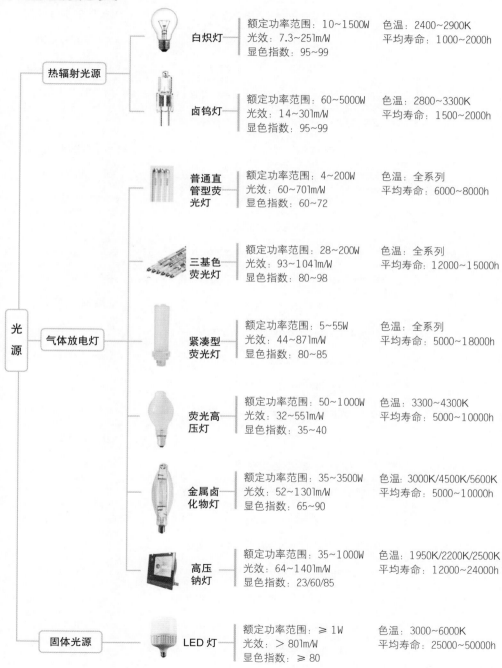

热辐射光源

白炽灯
额定功率范围：10~1500W
光效：7.3~25lm/W
显色指数：95~99
色温：2400~2900K
平均寿命：1000~2000h

卤钨灯
额定功率范围：60~5000W
光效：14~30lm/W
显色指数：95~99
色温：2800~3300K
平均寿命：1500~2000h

气体放电灯

普通直管型荧光灯
额定功率范围：4~200W
光效：60~70lm/W
显色指数：60~72
色温：全系列
平均寿命：6000~8000h

三基色荧光灯
额定功率范围：28~200W
光效：93~104lm/W
显色指数：80~98
色温：全系列
平均寿命：12000~15000h

紧凑型荧光灯
额定功率范围：5~55W
光效：44~87lm/W
显色指数：80~85
色温：全系列
平均寿命：5000~18000h

荧光高压灯
额定功率范围：50~1000W
光效：32~55lm/W
显色指数：35~40
色温：3300~4300K
平均寿命：5000~10000h

金属卤化物灯
额定功率范围：35~3500W
光效：52~130lm/W
显色指数：65~90
色温：3000K/4500K/5600K
平均寿命：5000~10000h

高压钠灯
额定功率范围：35~1000W
光效：64~140lm/W
显色指数：23/60/85
色温：1950K/2200K/2500K
平均寿命：12000~24000h

固体光源

LED灯
额定功率范围：≥1W
光效：>80lm/W
显色指数：≥80
色温：3000~6000K
平均寿命：25000~50000h

光源

2. 有关光源的部分国家或行业标准

序号	标准名称	标准编号
1	电光源产品的分类和型号命名方法	QB/T 2274—2013
2	镇流器型号命名方法	QB/T 2275—2008
3	卤钨灯（非机动车辆用）　性能要求	GB/T 14094—2016
4	普通照明用卤钨灯能效限定值及节能评价值	GB 31276—2014
5	庭和类似场合普通照明用钨丝灯　性能要求	GB/T 10681—2009
6	双端荧光灯 性能要求	GB/T 10682—2010
7	普通照明用双端荧光灯能效限定值及能效等级	GB 19043—2013
8	单端荧光灯　性能要求	GB/T 17262—2011
9	单端荧光灯能效限定值及节能评价值	GB 19415—2013
10	普通照明用自镇流荧光灯　性能要求	GB/T 17263—2013
11	普通照明用自镇流荧光灯能效限定值及能效等级	GB 19044—2013
12	金属卤化物灯能效限定值及能效等级	GB 20054—2015
13	金属卤化物灯（稀土系列）　性能要求	GB/T 24457—2009
14	金属卤化物灯（钠铊铟系列）性能要求	GB/T 24333—2017
15	陶瓷金属卤化物灯　性能要求	GB/T 24458—2017
16	金属卤化物灯（钪钠系列）　性能要求	GB/T 18661—2020
17	高压钠灯	GB/T 13259—2005
18	高压钠灯能效限定值及能效等级	GB 19573—2004
19	普通照明用非定向自镇流 LED 灯　性能要求	GB/T 24908—2014
20	LED 筒灯性能要求	GB/T 29294—2012
21	室内照明用 LED 产品能效限定值及能效等级	GB 30255—2019
22	单端无极荧光灯能效限定值及能效等级	GB 29142—2012
23	普通照明用自镇流无极荧光灯能效限定值及能效等级	GB 29144—2012
24	普通照明用自镇流无极荧光灯　性能要求	GB/T 21091—2007
25	反射型自镇流 LED 灯　性能要求	GB/T 29296—2012

（三）照明灯具

1. 按使用的光源分类和类型

灯具类型	比较项目			
	配光控制	眩光	调光	适用场所
荧光灯	难	容易	较难	用于高度较低的公共及工业建筑场所
高强气体放电灯	较易	较难	难	用于高度较高的公共及工业建筑场所、户外场所
LED灯	较难	较难	容易	光效较高，色彩丰富，适用于有调光要求的场所；夜景照明，隧道、道路照明

2. 按灯具的安装方式分类和选型

安装方式	特征	适用场所
吸顶式灯具	顶棚较亮；房间明亮；眩光可控制；光利用率高；易于安装和维护；费用低	适用于低顶棚照明场所
嵌入式灯具	与吊顶系统组合在一起；眩光可控制；光利用率比吸顶式低；顶棚与灯具的亮度对比大，顶棚暗；费用高	适用于低顶棚但要求眩光小的照明场所
悬吊式灯具	光利用率高；易于安装和维护；费用低；顶棚有时会出现暗区	适用于顶棚较高的照明场所
壁式灯具	照亮壁面；易于安装和维护；安装高度低；易形成眩光	适用于装饰照明兼做加强照明和辅助照明

3. 不同配光灯具的适用场所

名称	配光特点	适用场所	不适用场所
间接型	上射光通超过 90%,因顶棚明亮,可反衬出灯具的剪影。灯具出光口与顶棚距离不宜小于 500mm	用于显示顶棚图案、高度为 2.8~5m 的非工作场所的照明,或者用于高度为 2.8~3.6m、视觉作业涉及泛光纸张、反光墨水的精细作业场所的照明	顶棚无装修、管道外露的空间;或视觉作业是以地面设施为观察目标的空间;一般工业生产厂房
半间接型	上射光通超过 60%,但灯的底面也发光,所以灯具显得明亮,与顶棚融为一体,看起来既不刺眼,也无剪影	增强对手工作业的照明	在非作业区和走动区,其安装高度不应低于人眼位置;不应在楼梯中间悬吊此种灯具,以免对下楼者产生眩光
直接间接型	上射光通与下射光通几乎相等,直接眩光较少	用于要求高照度的工作场所,能使空间显得宽敞明亮,适用于餐厅与购物场所	需要显示空间处理有主有次的场所
漫射型	出射光通量全方位分布,采用胶片等漫射外壳,以控制直接眩光	常用于非工作场所的非均匀环境照明,灯具安装在工作区附近,照亮墙的最上部,适合厨房与局部作业照明结合使用	因漫射光降低了光的方向性,所以不适合作业照明

续表

名称	配光特点	适用场所	不适用场所
半直接型	上射光通在 40% 以内，下射光工作照明，上射光供环境照明，可缓解阴影，使室内有适合各种活动的亮度	因大部分光供下面的作业照明，同时上射少量的光，从而减轻了眩光，是非常实用的均匀作业照明灯具，广泛用于高级会议室、办公室	不适用于很重要外观设计的场所
直接型（中配光不对称）	把光投向一侧，不对称配光可使被照面获得比较均匀的照度	可广泛用于建筑物的泛光照明，通过只照亮一面墙的办法转移人们的注意力，可缓解过道的狭窄感；用于工业厂房，可节约能源、便于维护；用于体育馆照明，可提高垂直照度	高度太低的室内场所不使用这类配光的灯具照亮墙面，因为投射角度太大，不能显示墙面纹理而产生所需要的效果
直接型（宽配光）	下射光通占 90% 以上，属于最节能的灯具之一	可嵌入式安装、网络布灯，提供均匀照明，用于只考虑水平照明的工作或非工作场所，如室形指数（RI）大的工业及民用场所	室形指数（RI）小的场所
直接型（窄配光）	靠反射器、透镜、灯泡定位来实现窄配光，主要用于重点照明和远距离照明	适用于家庭、餐厅、博物馆、高级商店，细长光束只照亮指定的目标、节约能源，也适用于室形指数（RI）很小的工业厂房	低矮场所的均匀照明

二、照明数据计算

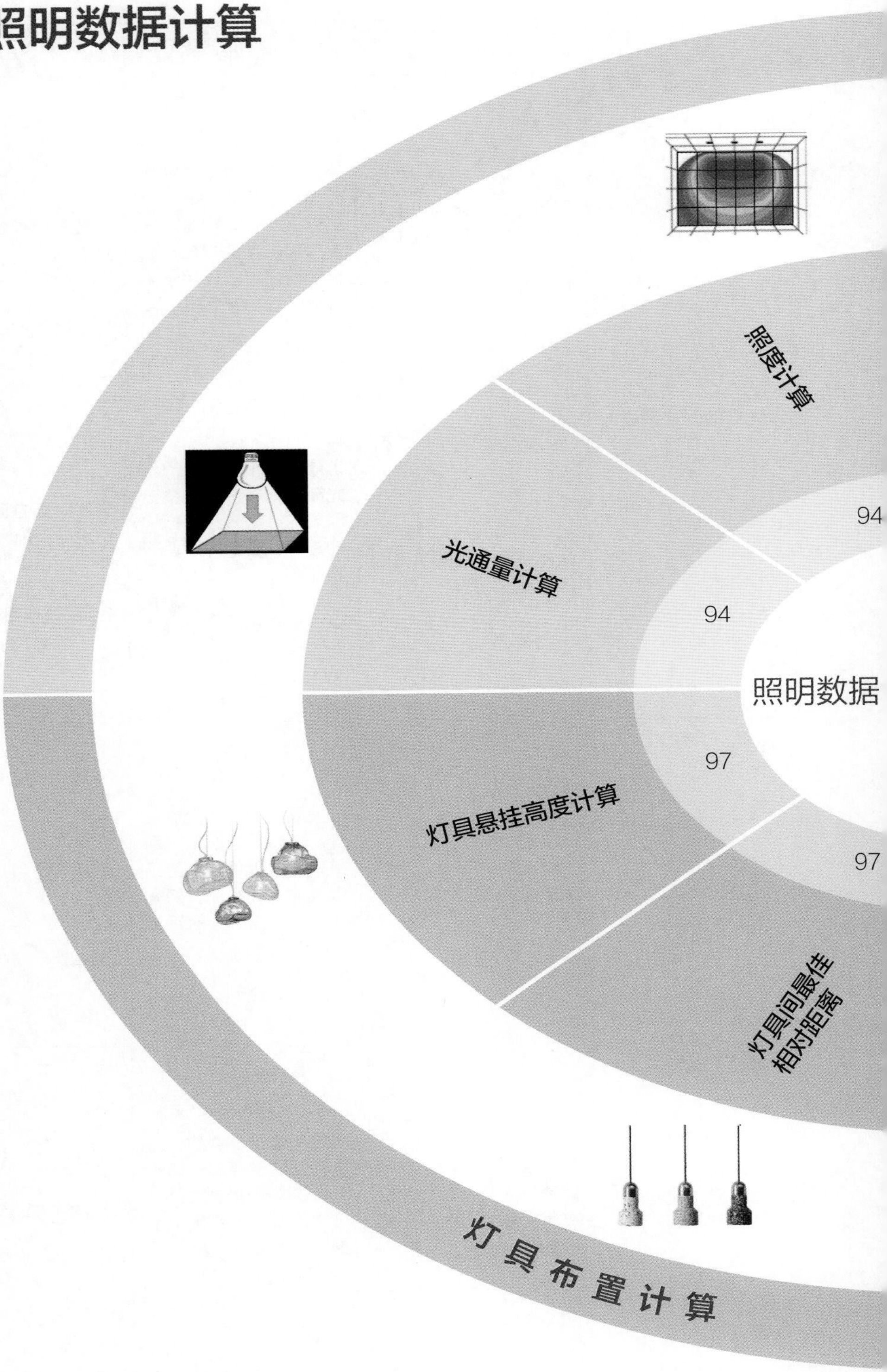

照度计算

94

光通量计算

94

照明数据

97

灯具悬挂高度计算

97

灯具间最佳相对距离

灯 具 布 置 计 算

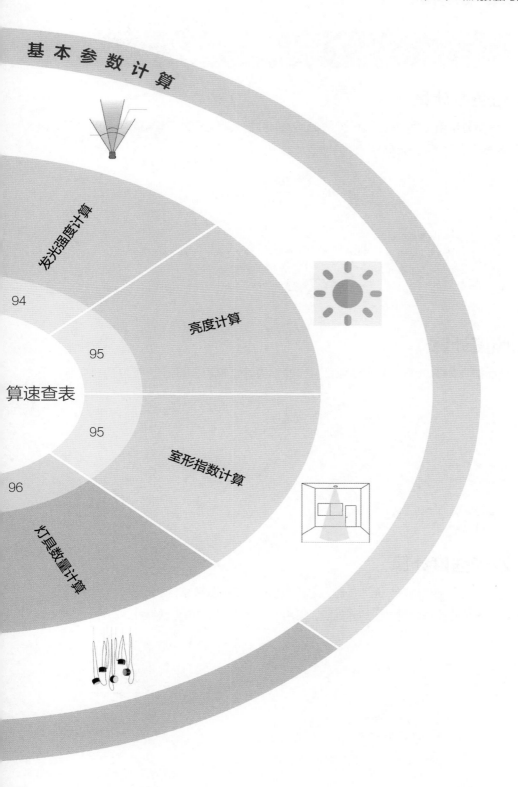

基本参数计算

发光强度计算

94

亮度计算

95

算速查表

95

室形指数计算

96

灯具数量计算

（一）基本参数计算

1. 光通量计算

光通量是指单位时间内，由一个光源所发射并被人眼感知的所有辐射能量的总和。通常用 Φ 表示，其单位为流明，写作 lm。

$$\Phi = K_{m}\int_{0}^{\infty}\frac{\mathrm{d}\Phi(\lambda)}{\mathrm{d}\lambda}V(\lambda)\,\mathrm{d}\lambda$$

式中　$\mathrm{d}\Phi(\lambda)$——辐射通量的光谱分布；

　　　　$V(\lambda)$——光谱光（视）效率，在明视觉条件下，用符号 $V(\lambda)$ 表示，当 $\lambda=555\mathrm{nm}$（最大值）时，

　　　　　　$V(\lambda)=1$；在暗视觉条件下，用 $V'(\lambda)$ 表示，当 $\lambda=510\mathrm{nm}$ 时，$V'(\lambda)=1$；

　　　　K_{m}——辐射的光谱（视）效能的最大值，为一常数 683lm/W。

2. 照度计算

照度指物体单位面积上所接受可见光的光通量。常用 E 表示，单位是勒克斯，写作 lx。

$$E_{\mathrm{av}}=\frac{n\Phi uM}{A}$$

式中　n——灯具数量；

　　　　Φ——每个灯的光通量；

　　　　u——利用系数；

　　　　A——水平工作面面积；

　　　　M——光损失因数。

3. 发光强度计算

发光强度表示光源在一定方向和范围内发出的人眼感知强弱的物理量，是指光源向某一方向在单位立体角内所发出的光通量。常用 I 表示，国际单位为坎德拉，写作 cd。

$$I=\frac{\mathrm{d}\Phi}{\mathrm{d}\Omega}$$

式中　$\mathrm{d}\Omega$——在某方向取得的微小立体角；

　　　　$\mathrm{d}\Phi$——在此立体角内所发出的光通量。

4. 亮度计算

亮度表示发光面的明亮程度，指发光表面在指定方向上的发光强度与垂直且指定方向的发光面的面积之比。常用 L 表示，单位是坎德拉每平方米，写作 cd/m²。

$$L = \frac{\mathrm{d}I}{\mathrm{d}A cos\theta}$$

式中　L——亮度，cd/m²；

I——发光强度，cd；

A——面积，m²；

θ——表面法线与给定方向之间的夹角，（°）。

（1）对于均匀的漫反射表面

$$L = \frac{pE}{\pi}$$

式中　L——亮度，cd/m²；

p——表面反射比；

E——表面的照度，lx。

（2）对于均匀的漫透射表面

$$L = \frac{\tau E}{\pi}$$

式中　τ——表面透射比。

5. 室形指数计算

室形指数是指照明计算中表示房间几何形状的数值，以符号 RI 表示。

$$RI = \frac{LW}{H(L+W)} = \frac{2S}{Hl}$$

式中　L——房间长度，m；

W——房间宽度，m；

H——灯具在工作面以上的高度，m；

S——房间面积，m²；

l——房间周长，m。

（二）灯具布置计算

1. 灯具数量计算

根据平均照度的公式，可以得出灯具数量的公式如下。

$$灯具数量\ N = \frac{工作面平均照度值\ E_{av} \times 工作面面积\ A}{光源光通量\ \Phi \times 利用系数\ U \times 灯具的维护系数\ K}$$

对于某种灯具，已知其光源的光通量、房间的长宽比、表面的反射比以及灯具吊挂高度，并假定照度是 100lx，即可编制出灯具数量 N 与工作面面积的关系曲线，称为灯具数量概算曲线。灯具数量概算曲线使用比较方便，但是计算精度稍差，如果所需照度值不是100lx，则所求灯具数量可以使用以下公式计算。

$$N = 由概算曲线上查出的灯具数量 \times \frac{实际照度值}{100}$$

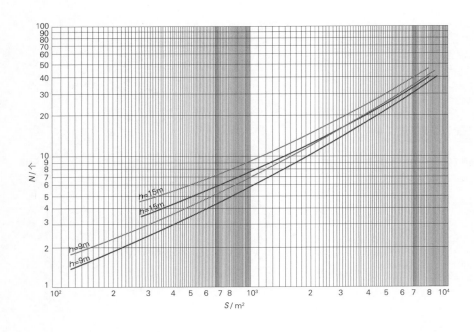

2. 灯具间最佳相对距离

照明器形式	相对距离 L/H		宜用单行布置的房间宽度
	多行布置	单行布置	
乳白玻璃球形，防水防尘灯、顶棚灯	2.3~3.2	1.9~2.5	$1.3H$
无漫透射罩配罩型灯，双罩型灯	1.8~2.5	1.8~2.0	$1.2H$
搪瓷深罩型灯	1.6~1.8	1.5~1.8	$1.0H$
镜面深罩型灯	1.2~1.4	1.2~1.4	$0.7H$
有反射罩的荧光照明器	1.4~1.5	—	—
有反射罩并带栅格的荧光照明器	1.2~1.4	—	—

注 ▸ L 表示两灯的间距，m；H 表示灯具安装高度，m。

3. 灯具悬挂高度计算

照明器的形式	漫射罩	灯泡	保护角 /（°）	最低悬挂高度 /m			
				灯泡功率			
				≤ 100W	150~200W	300~500W	> 500W
带反射罩的集照型灯具	无	透明	10~30	2.5	3.0	3.5	4.0
			> 30	2.0	2.5	3.0	3.5
		磨砂	10~90	2.0	2.5	3.0	3.5
	在 0°~90° 区域内为磨砂玻璃	任意	< 20	2.5	3.0	3.5	4.0
			> 20	2.0	2.5	3.0	3.5
	在 0°~90° 区域内为乳白玻璃	任意	≤ 20	2.0	2.5	3.0	3.5
			> 20	2.0	2.0	2.5	3.0
带反射罩的泛照型灯具	无	透明	任意	4.0	4.5	5.0	6.0
带漫反射罩的灯具	在 0°~90° 区域内为乳白玻璃	任意	任意	2.0	2.5	3.0	3.5
	在 40°~90° 区域内为乳白玻璃	透明	任意	2.5	3.0	3.5	4.0
	在 60°~90° 区域内为乳白玻璃	透明	任意	3.0	3.0	3.5	4.0
	在 0°~90° 区域内为磨砂玻璃	任意	任意	3.0	3.5	4.0	4.5
裸灯	无	磨砂	任意	3.5	4.0	4.5	6.0

三、室内空间照明参数

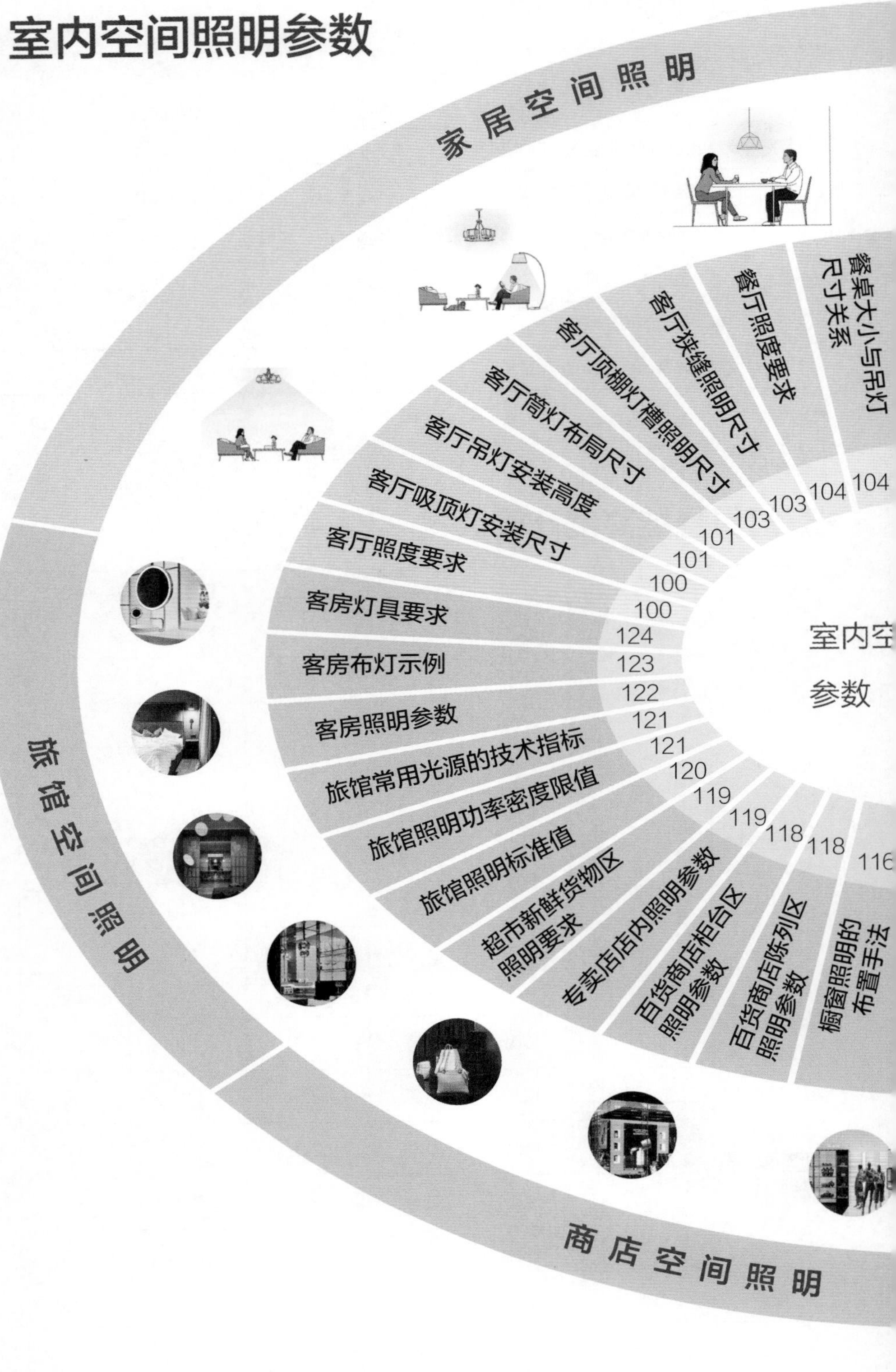

家居空间照明

餐桌大小与吊灯尺寸关系　104

客厅照度要求　104

客厅挑缝照明尺寸　103

客厅顶棚灯槽照明尺寸　103

客厅筒灯布局尺寸　101

客厅吊灯安装高度　101

客厅吸顶灯安装尺寸　100

客厅照度要求　100

客房灯具要求　124

客房布灯示例　123

客房照明参数　122

旅馆常用光源的技术指标　121

旅馆照明功率密度限值　121

旅馆照明标准值　120

超市新鲜货物区照明要求　119

专卖店店内照明参数　119

百货商店柜台区照明参数　118

百货商店陈列区照明参数　118

橱窗照明的布灯手法　116

室内空...参数

旅馆空间照明

商店空间照明

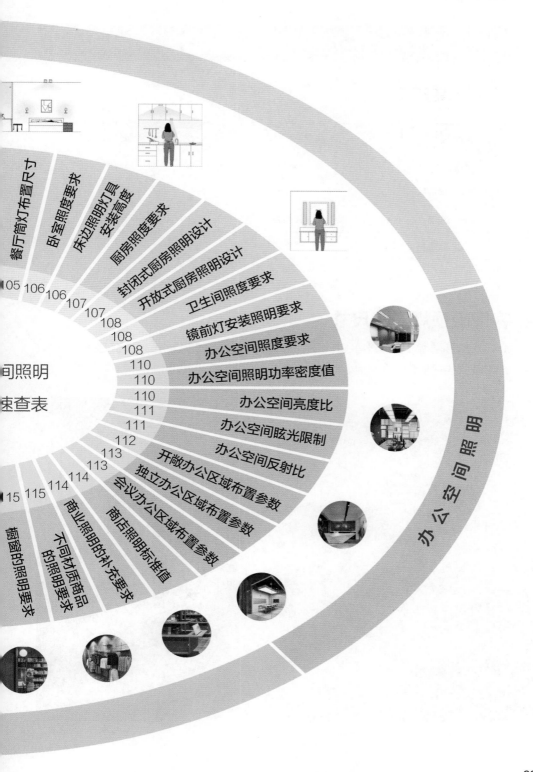

办公空间照明

（一）家居空间照明

1. 客厅照度要求

客厅活动	参考平面	照度值 /lx
客厅整体	地面	30~75
团聚、娱乐	工作面	150~300
看书、阅读	工作面	300~750
手工、缝纫	工作面	750~1500

2. 客厅吸顶灯安装尺寸

① 以灯具直径 a 在房间对角线长度的 1/10~1/8 为准来选择大小，会比较合适。

② 吸顶灯的安装高度 b 距地 2130mm 左右。

3. 客厅吊灯安装高度

① 通常是从天花板垂下来的款式，因此天花板的高度 a 至少要有 2400mm 才够。

② 下垂高度要注意不能碰到头，有些灯线可以调整，但有些不可以调整，所以安装高度 b 至少要为 2130mm。

4. 客厅筒灯布局尺寸

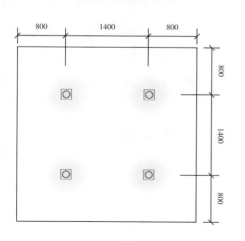

➕ 等距离布置灯具，可以获得均匀的照度。

➕ 照明没有主次，整体氛围比较单调。

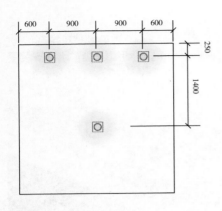

⊕ 将人的视觉集中于内侧墙上，增加视觉上的明亮感。

⊕ 墙上如果有装饰物的话，更能突出氛围。

⊕ 中央桌面上也安装一个，能保证水平面的亮度。

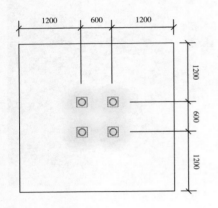

⊕ 房间中央的桌子上方安装4个，显得亮处十分集中。

⊕ 但墙面显得较暗，可以与间接照明一起使用。

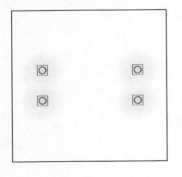

⊕ 两侧墙面显得更亮，如果墙上有装饰物，更能突出氛围。

⊕ 桌面也能被照亮，可以搭配落地灯，这样就能更有意境。

5. 客厅顶棚灯槽照明尺寸

① 开口尺寸 a 要大于 150mm。

② 遮光板的高度 b 要与灯具的高度相同，或是高出灯具 5mm 左右。

③ 灯槽的宽度 c 一般是按照灯具的宽幅再加上 50mm 的富余。

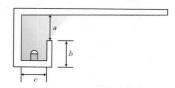

6. 客厅狭缝照明尺寸

（1）偏光筒灯的狭缝照明尺寸

狭缝深度为 12mm 左右，放置在狭缝内产生光线。

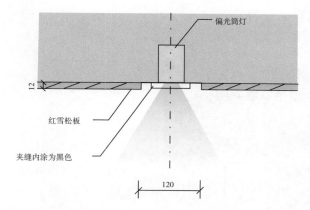

（2）筒灯的狭缝照明尺寸

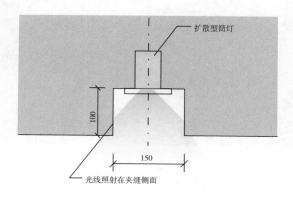

7. 餐厅照度要求

餐厅活动	参考平面	照度值 /lx
餐厅整体	地面	20~75
餐桌	工作面	150~300

8. 餐桌大小与吊灯尺寸关系

① 灯具大小 a 为餐桌长度的 1/3 左右比较合适。

② 灯具吊下的高度 b 一般在餐桌上方的 700~750mm 。

③ 安装多个吊灯组合时，按照灯具合计的长度计算，合计长度 c 为餐桌长度的 1/3 左右。

④ 灯具吊下的高度 d 一般在餐桌上方的 700~750mm 。

9. 餐厅筒灯布置尺寸

① 桌子上方，以较近的间隔装设 2~4 盏灯具，让桌面可以得到 200~500lx 的照度。

② 如果有灯头可旋转的筒灯或落地式投射灯，可以调整照射的角度来应对不同的需求。

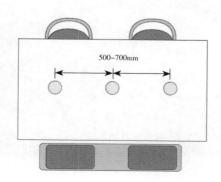

10. 卧室照度要求

卧室活动	参考平面	照度值 /lx
深夜	工作面	0~2
卧室整体	地面	10~30
看书、化妆	工作面	300~750

11. 床边照明灯具安装高度

　　枕边的壁灯最好是左右可以分别开关与调光的，安装的高度 a 距离枕头 600~750mm。

12. 厨房照度要求

卧室活动	参考平面	照度值 /lx
厨房整体	地面	75~150
操作台、洗菜池	工作面	200~500

13. 封闭式厨房照明设计

① 只用一般照明的话，人站立的地方会形成阴影，让人看不清操作台，所以要有局部照明。

② 柜下灯要保证 300lx 左右的照度，一般照明以 100lx 为最佳，这样才能看清。

③ 光色选择白色，更能让空间有清洁感。

④ 柜下灯由于距离眼睛较近，避免出现刺眼的问题，最好装设挡板，或是附带灯罩的照明。

⑤ 上方有吊柜的话，可以在柜子的上面和下面都安装间接光源，既不会突出灯具、占用空间，看上去也更简洁大方。

14. 开放式厨房照明设计

① 厨房与餐厅相连，或是与其他房间在同一个空间时，全体可用暖色光统一（a）。

② 可使用窄光束的筒灯（b）等直接照明保证操作空间达到 300lx 的亮度。

15. 卫浴间照度要求

卫浴间活动	参考平面	照度值 /lx
卫浴间整体	地面	50~100
洗衣服	工作面	150~300
化妆、洗脸	工作面	200~500

16. 镜前灯安装照明要求

镜前照明需要满足三个要点：一是要能提供充足的垂直面照明（300lx 为宜）；二是光源的显色指数达到 95 以上；三是最好能调节色温，能提供符合场景的光色。例如，早上化妆的人最好选择与室外光线相近的色温（4000~5000K），这样画出的妆更自然；晚上化妆的人可以选择与餐厅、酒店相接近的色温（2700~3000K），可以使妆效更美丽。

镜前灯安装位置		特点
镜子两侧		安放于镜子两侧，长度与镜子的高度相当； 可以将光线均匀地投射在面部的正前方，人在照镜子时面部亮度均匀，没有阴影； 灯具会突出镜面表面，若设计不合格还会产生眩光
镜子两侧（内嵌式）		不容易产生眩光，灯具也不会突出镜面； 也可以选择自带镜前灯的镜子，灯具藏于镜子的两侧； 但如果洗手台太大，镜子两个发光带之间间距过大，或灯具发光角度太小，那么光线会照射到人脸的两侧，而不是正中间
镜子下方		灯具暗藏在镜子下端，这种间接的照明方式可以突出强化镜子周围的环境； 但要注意光源的光输出要足够，否则光线在多次反射之后，真正能到达使用者面部的就非常少
镜子上方		来自上方的均匀光线更符合自然光的投射方向，垂直面照度充足、洗手台照度充足

（二）办公空间照明

1. 办公空间照度要求

房间或场所	参考平面及其高度	照度标准值 /lx
普通办公室	0.75m 水平面	300
高档办公室	0.75m 水平面	500
会议室	0.75m 水平面	300
视频会议室	0.75m 水平面	750
接待室、前台	0.75m 水平面	200
服务大厅、营业厅	0.75m 水平面	300
设计室	实际工作面	500
文件整理、复印、发行室	0.75m 水平面	300
资料、档案存放室	0.75m 水平面	200

2. 办公空间照明功率密度值

房间或场所	照度标准值 /lx	照明功率密度限值 / (W/m²)	
		现行值	目标值
普通办公室	300	≤ 9.0	≤ 8.0
高档办公室、设计室	500	≤ 15	≤ 13.5
会议室	300	≤ 9.0	≤ 8.0
服务大厅	300	≤ 11	≤ 10.0

3. 办公空间亮度比

表面类型之间	推荐亮度比
作业面区域与作业面临近周围区域之间	≤ 1 : 1/3
作业面区域与作业面背景区域之间	≤ 1 : 1/10

表面类型之间	推荐亮度比
作业面区域与顶棚区域（仅灯具暗装时）之间	≤ 1 ： 10
作业面临近周围区域与作业面背景区域之间	≤ 1 ： 1/3

 作业面临近周围区域指作业面外宽度不小于 0.5m 的区域；作业面背景区域指作业面临近周围区域外宽度不小于 3m 的区域。

4. 办公空间眩光限制

房间或场所	参考平面及其高度	统一眩光值（UGR）
普通办公室	0.75m 水平面	19
高档办公室	0.75m 水平面	19
会议室	0.75m 水平面	19
视频会议室	0.75m 水平面	19
接待室、前台	0.75m 水平面	—
服务大厅、营业厅	0.75m 水平面	22
设计室	实际工作面	19
文件整理、复印、发行室	0.75m 水平面	—
资料、档案存放室	0.75m 水平面	—

5. 办公空间反射比

表面名称	反射比 /%
顶棚	60~90
墙面	30~80
地面	10~50
作业面	20~60

 用于长时间工作的房间，其房间内表面、作业面的反射宜按以上表格选取。但办公室照明计算常用的取值为顶棚 70%，墙面 50%，地面 20%。

6. 开敞办公区域布置参数

① 开敞办公区域是办公空间中最常见的布局，每个工位相对独立。这个区域的光照度应当尽量达到均衡，桌面照度值应接近750lx。

均匀布置的直接照明

② 开敞办公区域通常采用直接照明形式，但对于照度要求较高的局部场所，可考虑局部照明作为补充。

直接照明

局部照明

③ 开敞办公区域还可以采用间接照明和局部照明组合的形式，满足不用区域的照度需求，又能有效地避免眩光。

间接照明

局部照明

7. 独立办公区域布置参数

① 对于独立式办公室，不仅要考虑工作照明，还需要考虑会客时的照明，一般工作面照明推荐采用 300~500lx 的照度，局部增加间接照明方式，如台灯、落地灯。

② 色温控制在 2700~4000K，照明方式以直接照明结合间接照明为宜。

8. 会议办公区域布置参数

会议室照明除了一般照明以外，还要加入局部照明，如在白板附近加入光源以便看清楚。而投影幕布区的灯具要能单独控制，既能保证投影内容清晰，又能满足会议人员进行记录所需的照度要求。

（三）商店空间照明

1. 商店照明标准值

房间或场所	参考平面及其高度	照度标准值 /lx
一般商店营业厅	0.75m 水平面	300
一般室内商业街	地面	200
高档商店营业厅	0.75m 水平面	500
高档室内商业街	地面	300
一般超市营业厅	0.75m 水平面	300
高档超市营业厅	0.75m 水平面	500
仓储式超市	实际工作面	300
专卖店营业厅	0.75m 水平面	300
农贸市场	0.75m 水平面	200
收款台	台面	500

2. 商业照明的补充要求

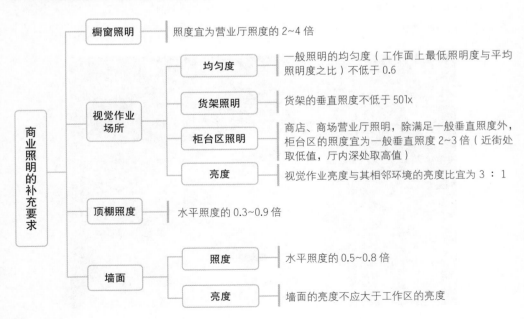

商业照明的补充要求

- 橱窗照明 —— 照度宜为营业厅照度的 2~4 倍
- 视觉作业场所
  - 均匀度 —— 一般照明的均匀度（工作面上最低照明度与平均照明度之比）不低于 0.6
  - 货架照明 —— 货架的垂直照度不低于 50lx
  - 柜台区照明 —— 商店、商场营业厅照明，除满足一般垂直照度外，柜台区的照度宜为一般垂直照度 2~3 倍（近街处取低值，厅内深处取高值）
  - 亮度 —— 视觉作业亮度与其相邻环境的亮度比宜为 3：1
- 顶棚照度 —— 水平照度的 0.3~0.9 倍
- 墙面
  - 照度 —— 水平照度的 0.5~0.8 倍
  - 亮度 —— 墙面的亮度不应大于工作区的亮度

3. 不同材质商品的照明要求

纺织品	均匀的垂直照度、水平照度，显色性好，注意褪色
皮革（鞋）	垂直照度和水平照度相接近，能表现出其外表及凹凸感、立体感、表面质感
小商品	垂直照度与水平照度相平衡、均匀；光源的色温与适用环境色温相近
玩具	用定向照明使它从背景中凸显出来
珠宝、钟表	用窄光束投射，背景暗，对比度达 1：50
陶瓷及半透明器皿	用定向照明突出质地，必须避免强烈的对比和阴影，也可以利用环境照明烘托飘逸的感觉
植物花卉	合适的照度能更好地表现生长感，显色性好

4. 橱窗的照明要求

白天指标			
项目	高档商店	中档商店	平价商店
向外橱窗照明 /lx	> 2000（应）	> 2000（宜）	1500~2500
店内橱窗照度 /lx	>一般照明	周围照度的 2 倍	比四周照度高 2~3 倍
重点照明系数	（10：1）~（20：1）	（15：1）~（20：1）	（5：1）~（10：1）
一般照明色温 /K	4000	2750~4000	4000
重点照明色温 /K	2750~3000	2750~3500	4000
显色指数	> 90	> 80	> 80
夜间指标			
项目	高档商店	中档商店	平价商店
一般照明照度 /lx	100	300	500
重点照明照度 /lx	1500~3000	4500~9000	2500~7500
重点照明系数	（15：1）~（30：1）	（15：1）~（30：1）	（5：1）~（15：1）
一般照明色温 /K	2750~3000	2750~4000	3000~3500
重点照明色温 /K	2750~3000	2750~4000	3000~3500
显色指数	> 90	> 80	> 80

5. 橱窗照明的布置手法

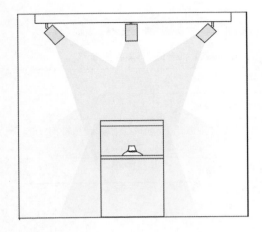

光源位置：正上方和斜上方。

作用：突出商品造型，强调立体感。

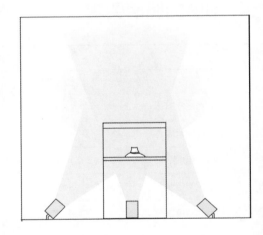

光源位置：下方。

作用：强调商品所在的阴暗区域，营造时尚感。

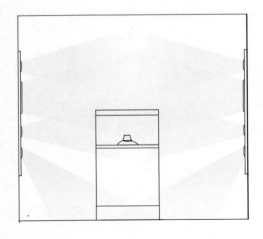

光源位置：两侧。

作用：突出商品的立面细节。

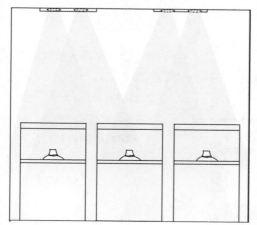

光源位置：上方多角度。

作用：营造无阴影效果，让人放松，从而更好地挑选商品。

光源位置：正上方直射。

作用：在展示多个商品的情况下可以使用，更加突出每一个商品的细节。

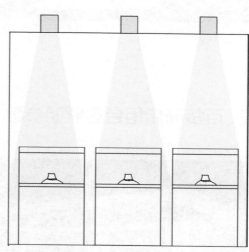

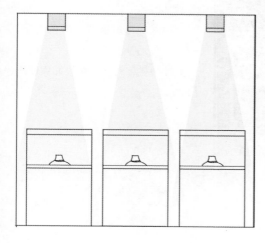

光源位置：正上方直射。

作用：用明装轨道灯具进行照明，在更换展示模式、增加商品数量时可以随之调整灯具的数量和位置。

117

6. 百货商店陈列区照明参数

照度：由重点照明系数决定，一般要达到 750lx。

重点照明系数：（ 5 ：1 ）~（ 15 ：1 ）。

色温：根据被照物颜色决定，一般在 3000K 以上。

显色性：$R_a > 80$，如果使用 LED 灯，$R_9 > 0$。

光源：LED、陶瓷金属卤化物灯等。

7. 百货商店柜台区照明参数

一般照明照度：500~1000lx。

重点照明系数：（ 5 ：1 ）~（ 2 ：1 ）。

色温：根据被照物颜色决定，一般 > 3000K。

显色性：$R_a > 80$，如果使用 LED 灯，$R_9 > 0$。

8. 专卖店店内照明参数

参数	单位	推荐数值
平均水平照度	lx	500~1000
显色性	—	$R_a > 80$，如果使用 LED 灯，$R_9 > 0$
色温	K	2500~4500
重点系数	—	（2：1）~（15：1）

9. 超市新鲜货物区照明要求

照明参数	肉制品及熟食区	水果、蔬菜、鲜花区	面包房
建议照度 /lx	> 500	1000	> 500，宜 750
色温 /K	4000~6500	3000~4000	2700~3000
显色性	$R_a > 80$，如果使用 LED 灯，$R_9 > 0$		
灯具、光源	支架灯、格栅灯、平板灯、吊灯等；光源可为 LED、直管荧光灯、单端荧光灯、陶瓷金属卤化物灯等		

（四）旅馆空间照明

1. 旅馆照明标准值

房间或场所		参考平面及其高度	照度标准值 /lx
客房	一般活动区	0.75m 水平面	75
	床头	0.75m 水平面	150
	写字台	台面	300*
	卫生间	0.75m 水平面	150
中餐厅		0.75m 水平面	200
西餐厅		0.75m 水平面	150
酒吧间、咖啡厅		0.75m 水平面	75
多功能厅、宴会厅		0.75m 水平面	300
会议室		0.75m 水平面	300
大堂		地面	200
总服务台		台面	300*
休息厅		地面	200
客房层走廊		地面	50
厨房		台面	500*
游泳池		水面	200
健身房		0.75m 水平面	200
洗衣房		0.75m 水平面	200

注 ▶ * 表示混合照明照度。

2. 旅馆照明功率密度限值

房间或场所	照度标准值 /lx	照明功率密度限值 / (W/m²)	
		现行值	目标值
客房	—	7.0	6.0
中餐厅	200	9.0	8.0
西餐厅	150	6.5	5.5
多功能厅	300	13.5	12.0
客房层走廊	50	4.0	3.5
大堂	200	9.0	8.0
会议室	300	9.0	8.0

3. 旅馆常用光源的技术指标

项目	三基色荧光灯	紧凑型荧光灯
额定功率范围 /W	28~32	5~55
光效 / (lm/W)	93~104	44~87
显色指数	80~98	80~85
色温 /K	全系列	全系列
平均寿命 /h	12000~15000	5000~8000

项目	金属卤化物灯	LED 灯
额定功率范围 /W	35~3500	≥ 1
光效 /（lm/W）	52~130	> 80
显色指数	65~90	> 75
色温 /K	3000/4500/5600	3000~6000
平均寿命 /h	5000~10000	25000~50000

4. 客房照明参数

色温：功能灯具 3000K 左右，其他灯具 3500K 以下，洗手间灯具要 3500K 以上。

色相：偏于橙黄的色彩比同色相偏于蓝紫色的色彩让人感觉温暖、亲切。

照度：床头功能灯为 200~300lx，其他区域一般照明为 50~100lx。

显色指数：> 90。

5. 客房布灯示例

门铃按钮及请勿打扰灯距地 1.4m

客房配电箱
底边距地面 1.8m

卫生间照明开
关距地面 1.4m

衣帽间
（3m²）

玄关
（5.3m²）

洗手间
（8.5m²）

镜前灯可采用荧
光灯槽、壁灯、
嵌入式筒灯

空调机开关距
地面 1.4m

电冰箱插座距
地面 0.15m

电视电源插座
距地面 0.15m

标准双人间
（25.5m²）

床头柜接线盒
（300×80）底边
距地面 0.14m

台灯插座距地
面 0.15m

一般活动区域，
不低于 75lx，R_a
＞80

6. 客房灯具要求

部位	灯具类型	要求
过道	嵌入式筒灯或吸顶灯	现在多采用 LED 灯
床头	台灯、壁灯、导轨灯、射灯、筒灯	
梳妆台	壁灯、筒灯	灯应安装在镜子上方并与梳妆台配套制作
写字台	台灯、壁灯、射灯	现在多采用 LED 灯
会客区	落地灯、吊灯、筒灯、灯槽	落地灯设在沙发和茶几处,由插座供电
窗帘盒灯	荧光灯、条形 LED 灯	模仿自然光的效果,夜晚从远处看,起到泛光照明的作用
壁柜灯	LED 灯、荧光灯	设在壁柜内,将灯开关装设在门上,开门则灯亮,关门则灯灭
脚灯	LED 灯	安装在床头柜下部、进口小过道墙面底部、卫生间洗面台下方,供夜间活动用
顶灯	吸顶灯、筒灯、射灯、灯槽	通常不设顶灯
卫生间顶灯	吸顶灯、嵌入式筒灯、吊灯、灯槽	防水防潮灯具
卫生间镜箱灯	荧光灯、筒灯、射灯、LED 灯	安装在化妆镜的上方,对于三星级旅馆,显色指数要大于 80;防水防潮灯具

第三章
建材规格与尺寸

一、基础材料的规格尺寸

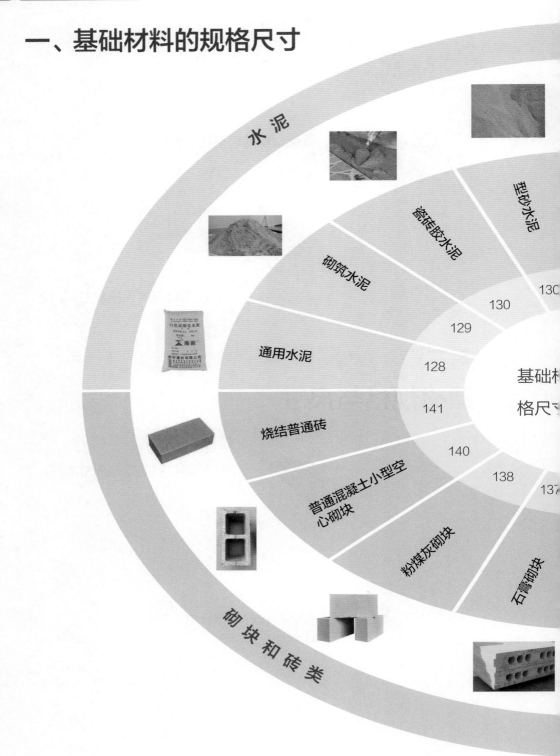

水泥

型砂水泥

瓷砖胶水泥

砌筑水泥

130

130

129

通用水泥

128

基础材

格尺寸

141

烧结普通砖

140

普通混凝土小型空心砌块

138

137

粉煤灰砌块

石膏砌块

砌块和砖类

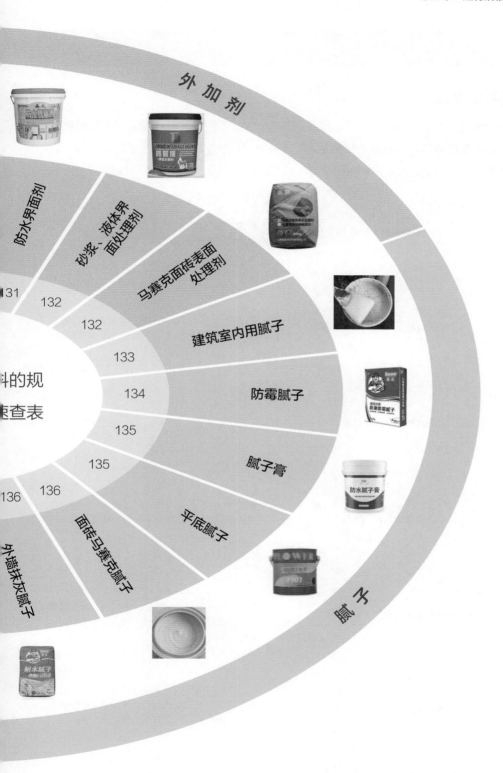

外 加 剂

防水界面剂

砂浆、液体界面处理剂

马赛克面砖表面处理剂

建筑室内用腻子

防霉腻子

腻子膏

平底腻子

面砖马赛克腻子

外墙抹灰腻子

料的规

速查表

31
132
132
133
134
135
135
136
136
136

腻 子

（一）水泥

1. 通用水泥

通用水泥主要是指硅酸盐水泥、普通硅酸盐水泥、矿渣硅酸盐水泥、火山灰质硅酸盐水泥、粉煤灰硅酸盐水泥和复合硅酸盐水泥六种。通用水泥广泛用于土木建筑工程，需求量非常大。其中普通硅酸盐水泥和矿渣硅酸盐水泥在民用建筑工程中使用较多。

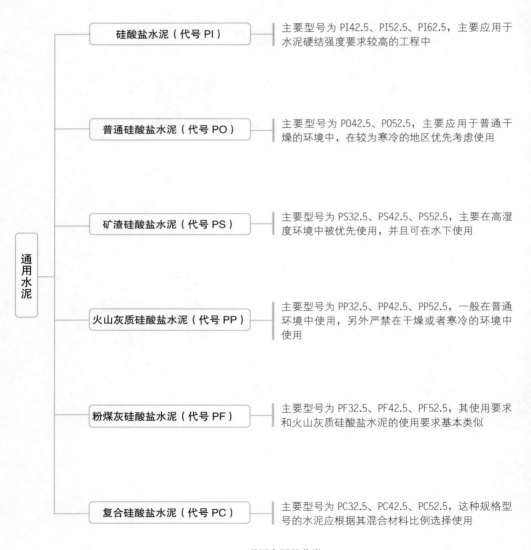

硅酸盐水泥（代号 PI）	主要型号为 PI42.5、PI52.5、PI62.5，主要应用于水泥硬结强度要求较高的工程中
普通硅酸盐水泥（代号 PO）	主要型号为 PO42.5、PO52.5，主要应用于普通干燥的环境中，在较为寒冷的地区优先考虑使用
矿渣硅酸盐水泥（代号 PS）	主要型号为 PS32.5、PS42.5、PS52.5，主要在高湿度环境中被优先使用，并且可在水下使用
火山灰质硅酸盐水泥（代号 PP）	主要型号为 PP32.5、PP42.5、PP52.5，一般在普通环境中使用，另外严禁在干燥或者寒冷的环境中使用
粉煤灰硅酸盐水泥（代号 PF）	主要型号为 PF32.5、PF42.5、PF52.5，其使用要求和火山灰质硅酸盐水泥的使用要求基本类似
复合硅酸盐水泥（代号 PC）	主要型号为 PC32.5、PC42.5、PC52.5，这种规格型号的水泥应根据其混合材料比例选择使用

通用水泥的分类

（1）规格尺寸

水泥可以散装或袋装，袋装水泥每袋净含量为 50kg，且应不少于标准质量的 99%。

（2）用量计算

$$1m^3 \text{ 水泥浆所需干水泥质量} = \frac{\text{水泥密度} \times \text{水密度}}{\text{水密度} + \text{水灰比} \times \text{水泥密度}}$$

2. 砌筑水泥

凡由一种或一种以上的水泥混合材料，加入适量硅酸盐水泥熟料和石膏，经磨细制成的工作性较好的水硬性胶凝材料，都称为砌筑水泥。砌筑水泥主要用于砌筑和抹面砂浆、垫层混凝土等，不用于结构混凝土。

（1）规格尺寸

水泥可以散装或袋装，袋装水泥每袋净含量为 50kg，且应不少于标准质量的 99%。

（2）用量计算

$$\text{水泥用量} = 10.6kg/m^2 \times \text{墙面面积}$$

> 注 ▶ 抹灰层按 2.5cm 厚度计算，水泥用量为 10.6kg/m²，抹灰层厚度每增加 0.5cm，水泥用量增加 2.12kg/m²，减少同理。

（3）强度指标

强度等级	抗压强度 /MPa		抗折强度 /MPa	
	7d	28d	7d	28d
12.5	7.0	12.5	1.5	3.0
22.5	10.0	22.5	2.0	4.0

3. 瓷砖胶水泥

瓷砖胶水泥是以无机物质作为主剂的特殊混合的黏结用水泥。灰浆的高可塑性增强了与瓷砖的紧贴程度，抑制皮膜的形成，维持强力的黏合力。主要用于粘贴瓷砖、面砖、地砖等装饰材料，广泛适用于内外墙面、地面、浴室、厨房等建筑的饰面装饰场所。

瓷砖胶水泥相对省时省力

（1）规格尺寸

20kg/ 袋（白色、灰色）。

（2）用量计算

涂抹厚度为 5mm 时，用量 2.5kg/m²，约 10m²/25kg。
涂抹厚度为 7mm 时，用量 3.5kg/m²，约 7m²/25kg。

4. 型砂水泥

型砂水泥是指以适当成分的生料，烧至部分熔融，所得以硅酸三钙为主、氟铝酸钙为辅的熟料，加入适量的硬石膏共同粉磨制成的一种凝结快、硬化快、小时强度高的用于铸造型砂的水硬性胶凝材料。

（1）材料应用

用于铸造工业中代替传统的水玻璃和黏土类黏结剂的胶结型砂。

（2）用量计算

涂抹厚度为 5mm 时，用量 2.5kg/m²，约 10m²/25kg。
涂抹厚度为 7mm 时，用量 3.5kg/m²，约 7m²/25kg。

（二）外加剂

1. 防水界面剂

　　由自交联高分子聚合物乳液辅以适量助剂精制而成，拌入水泥、砂后形成聚合物砂浆。用于具有防水要求的混凝土及各类墙体材料表面抹灰的界面处理，旧墙翻新时马赛克、釉面砖等的表面处理。

（1）材料特点

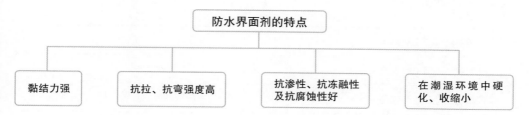

（2）技术要求

检验项目	性能指标	实测结果
外观	经搅拌后应呈均匀状态，不应有块状沉淀	经搅拌后应呈均匀状态，不应有块状沉淀
剪切黏结强度（7d）/MPa	≥ 1.0	2.2
剪切黏结强度（14d）/MPa	≥ 1.5	2.9
拉伸黏结强度（7d）/MPa	≥ 0.4	1.1
拉伸黏结强度（14d）/MPa	≥ 0.6	1.4
拉伸黏结强度（浸水处理）/MPa	≥ 0.5	1.3
拉伸黏结强度（热处理）/MPa	≥ 0.5	1.3
抗渗性	500mm H_2O，24h 无渗漏	无渗漏

注 ▶ 1mm H_2O=9.81Pa。

2. 砂浆、液体界面处理剂

由高强高模维纶纤维、众多高分子聚合物、无机材料及辅材，经专用混合机加工而成的干粉状材料。应用于抹砂浆前对各种基面进行表面处理；保温系统施工前对基面进行表面处理；饰面砂浆、涂料施工前对基面进行表面处理。

（1）规格尺寸

25kg（薄膜袋）或20L（塑料桶）包装，未开封、在干燥环境下有效期可达12个月。

（2）技术要求

压剪黏结强度（原强度）	≥ 0.7 MPa
压剪黏结强度（耐水性）	≥ 0.5 MPa
压剪黏结强度（耐冻融）	≥ 0.7 MPa

3. 马赛克面砖表面处理剂

适用于陶瓷马赛克、玻璃马赛克或面砖等旧墙面和地面翻新时的表面处理；适用于制备新的面砖、马赛克或涂料饰面时的基层处理；适用于建筑室内及室外的施工；适用于墙面及地面。

（1）材料特点

马赛克面砖表面处理剂的特点

| 施工方便，无须去除旧砖基层 | 与旧砖基层有良好的黏结强度 | 优良的耐候性能 |

（2）技术要求

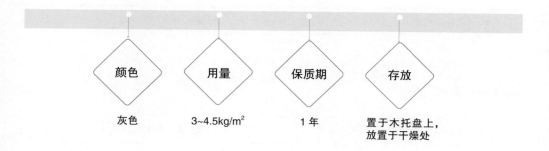

颜色	用量	保质期	存放
灰色	3~4.5kg/m²	1年	置于木托盘上，放置于干燥处

（三）腻子

1. 建筑室内用腻子

它是一种聚合物改性的高性能墙体找平粉刷材料。

（1）材料特点

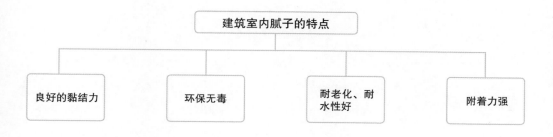

建筑室内腻子的特点

良好的黏结力　　环保无毒　　耐老化、耐水性好　　附着力强

（2）材料分类

用于不要求耐水的场所 ← 一般型腻子（Y型）　耐水型腻子（N型）→ 用于要求耐水、高黏结强度的场所

（3）技术要求

容器中状态	无结块，均匀
干燥时间（表干）	< 5h
黏结强度 /MPa	Y 型> 0.25
	N 型> 0.50
低温储存稳定性	–5℃冷冻 4h 无变化，刮涂无困难

2. 防霉腻子

防霉腻子是一种与涂料配套，用于提高整体装饰效果与质量的辅助配套材料，它以高分子聚合物改性材料和水泥为基料，掺和无机填充材料及防霉等相关的功能性助剂精制加工而成。适用于有耐水、防霉要求的地下室、卫生间，以混凝土、水泥混合砂浆、纸筋石灰、GRC 板、石膏板等无机材料为基体的内墙、顶面基层抹平。

（1）材料特点

防霉腻子的特点

使用方便、质量稳定　　避免开裂　　省时省力　　防霉、无毒

（2）技术要求

干燥时间（表干）/h	< 5
打磨性 /%	20~80
抗拉强度 /MPa	> 0.25
防霉性	一级
低温储存稳定性	–5℃冷冻 4h 无变化，刮涂无障碍

3. 腻子膏

腻子膏是平整墙体表面的一种装饰凝结材料，是一种膏状涂料，是涂料粉刷前必不可少的一种产品。涂施于底漆上或直接涂施于物体上，用以清除被涂物表面上高低不平的缺陷。适用于普通建筑物室内所有无机表面，包括砂浆批荡、混凝土制作、石膏板、标准砌块、砖墙等，也可与水性涂料配套使用。

（1）材料特点

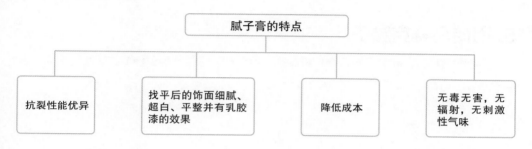

腻子膏的特点

| 抗裂性能优异 | 找平后的饰面细腻、超白、平整并有乳胶漆的效果 | 降低成本 | 无毒无害，无辐射，无刺激性气味 |

（2）技术要求

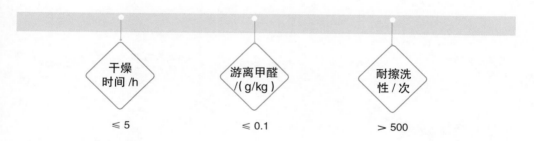

干燥时间 /h ≤ 5

游离甲醛 /（g/kg）≤ 0.1

耐擦洗性 / 次 > 500

4. 平底腻子

它是一种经不同粗细颗粒级配骨料聚合物改性的水泥基打底找平腻子。特别适用于室内外砂浆刮糙面、精找平，阴阳角修直处理，室内混凝土顶面和墙面批刮找平，轻质砖砌筑墙体的直接找平粉刷。

（1）材料特点

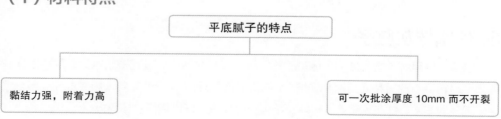

平底腻子的特点

| 黏结力强，附着力高 | 可一次批涂厚度 10mm 而不开裂 |

（2）技术要求

拉伸黏结强度（14d）/MPa	> 0.60
剪切强度（14d）/MPa	> 0.70
收缩率（3d）/%	2
低温稳定性	−5℃冷冻 4h 无异常

5. 面砖马赛克腻子

由硅酸盐材料、高分子聚合物和膨胀剂、流变剂、增强剂等多种高性能助剂组成。适用于面砖、马赛克表面批嵌、裂缝修补。

（1）材料特点

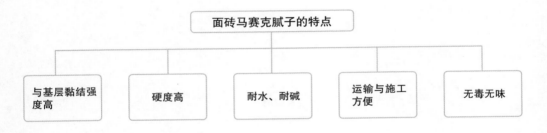

（2）技术要求

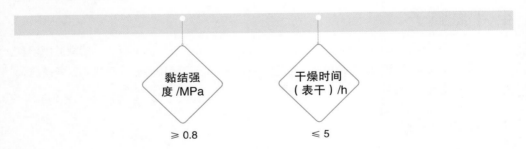

6. 外墙抹灰腻子

它是一种用聚合物改性的水泥基干粉状抹灰腻子材料，是替代掺胶水泥砂浆墙面抹灰的薄型材料。有底层和面层两种规格，可按墙面的饰面工程设计需要选用底层或面层。适用于现浇混凝土、抹灰砂浆墙、砖墙、小型空心砌块、纤维增强水泥薄板。

（1）用量计算

1mm 厚底层需要用量 1.3kg/m³；1mm 厚面层需要用量 1.2kg/m³。

（2）技术要求

产品形状	干粉
施工温度 /℃	5~40
干燥时间 /h	≤ 5
可操作时间 /h	1~2
打磨性	手工打磨
黏结强度 /MPa	≥ 0.6
混合质量比	底层约 1（水）：3.85（干粉） 面层约 1（水）：3.6（干粉）

（四）砌块和砖类

1. 石膏砌块

以建筑石膏为主要原材料，经加水搅拌、浇注成型和干燥制成的轻质建筑石膏制品。主要用于住宅、办公楼、旅馆等作为非承重内隔墙。

（1）材料特点

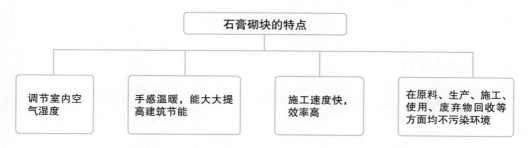

（2）规格尺寸

规格尺寸及尺寸偏差　　　　　　　　　　　　　　　单位：mm

长度	666（尺寸偏差 ±3）
宽度	500（尺寸偏差 ±2）
厚度	60、80、90、100、110、120（尺寸偏差 ±1.5）

（3）技术要求

表观密度 /（kg/m³）	空心石膏砌块≤ 1100
	实心石膏砌块≤ 800
断裂荷载 /N	≥ 2000
软化系数	≥ 0.6
气孔	直径 5~10mm，不多于两处；直径 > 10mm，不允许
缺角	同一砌块不得多于一处，缺角尺寸应小于 30mm×30mm
板面裂纹	非贯穿裂纹不得多于一条，裂纹长度小于 30mm，宽度小于 1mm

2. 粉煤灰砌块

粉煤灰砌块是以粉煤灰、石灰为主要原料，掺加适量石膏、外加剂和集料等，经坯料配制、轮碾、机械成型、水化和水热合成反应而制成的实心粉煤灰砖。适用于砌筑粉煤灰砌块墙。

（1）规格尺寸

长为 240mm，宽为 115mm，高为 53mm。

（2）技术要求

表面疏松	不允许
贯穿面棱的裂缝	不允许
石灰团、石膏团	不允许直径 > 5mm
任一面上的裂缝长度，不得大于裂缝方向砌块尺寸的	1/3
粉煤灰团、空洞和爆裂	一等品：不允许直径 > 30mm
	合格品：不允许直径 > 50mm
翘曲 /mm	一等品：≤ 6
	合格品：≤ 8
局部凸起高度 /mm	一等品：≤ 10
	合格品：≤ 15
缺棱掉角在长、宽、高三个方向上投影的最大值 /mm	一等品：≤ 30
	合格品：≤ 50
高低差 /mm	一等品：6（长度方向）、4（宽度方向）
	合格品：8（长度方向）、6（宽度方向）
尺寸允许偏差 /mm	一等品：+4，-6（长度方向）、±3（宽度方向）、+4，-6（高度方向）
	合格品：+5，-10（长度方向）、±6（宽度方向）、+5，-10（高度方向）

3. 普通混凝土小型空心砌块

普通混凝土小型空心砌块（简称混凝土小砌块）是以水泥、砂、石等普通混凝土材料制成的，其空心率为 25%~50%。适用于一般工业与民用建筑的砌块房屋，尤其适用于多层建筑的承重墙体及框架结构填充墙。

（1）材料特点

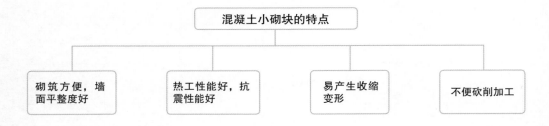

（2）规格尺寸

主规格砌块（全长砌块）常见长度 390mm、宽度 190mm、高度 190mm。
辅助规格砌块（七分头砌块）长度 290mm、宽度 190mm、高度 190mm。
辅助规格砌块（半头砌块）长度 190mm、宽度 190mm、高度 190mm。
辅助规格砌块（三分头砌块）长度 90mm、宽度 190mm、高度 190mm/90mm。

4. 烧结普通砖

凡以黏土、页岩、煤矸石、粉煤灰、建筑渣土、淤泥、污泥等为主要原料，经成型、焙烧而成的砖，都称为烧结普通砖。适用于做建筑围护结构，被大量应用于砌筑建筑物的内墙和外墙。

（1）规格尺寸

长为 240mm、宽为 115mm、高为 53mm。

（2）用量计算

在烧结普通砖砌块中，加上灰缝 10mm，每 4 块砖长、8 块砖宽或 16 块砖厚均匀为 1m，$1m^3$ 砌体需用砖 512 块。

（3）技术要求

弯曲	优等品 ≤ 2mm 一等品 ≤ 3mm 合格品 ≤ 4mm
杂质凸出高度	优等品 ≤ 2mm 一等品 ≤ 3mm 合格品 ≤ 4mm
缺棱掉角的三个破坏尺寸 不得同时大于	优等品 5mm 一等品 20mm 合格品 30mm

二、墙面材料的规格尺寸

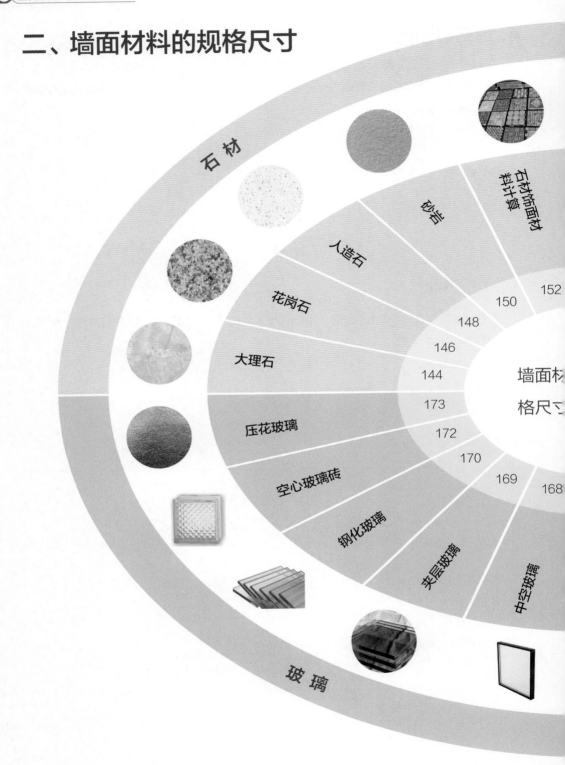

石 材

砂岩

石材饰面材料计算

人造石

花岗石

大理石

压花玻璃

空心玻璃砖

钢化玻璃

夹层玻璃

中空玻璃

玻璃

墙面材料格尺寸

152
150
148
146
144
173
172
170
169
168

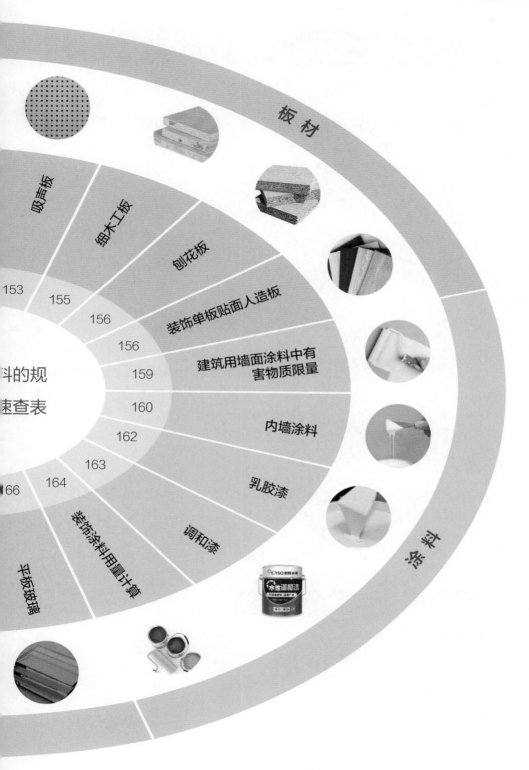

板 材

涂 料

吸声板 153
细木工板 155
刨花板 156
装饰单板贴面人造板 156
建筑用墙面涂料中有害物质限量 159
内墙涂料 160
乳胶漆 162
调和漆 163
装饰涂料用量计算 164
平板玻璃

...料的规
...速查表

66 164

（一）石材

1. 大理石

大理石纹理自然、多变，色彩丰富，装饰效果华丽、美观。材质稳定，能够保证长期不变形。加工性能优良，可锯、可切、可磨光、可钻孔、可雕刻等。保养方便简单，不必涂油，不易粘微尘，使用寿命长。可加工成各种形材、板材，可用于装饰墙面、地面、台面、柱等部位。

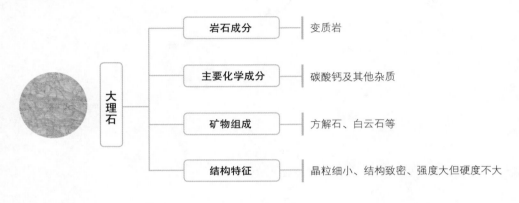

大理石的组成

（1）规格尺寸

大理石荒料通常为块状，需要经过切割、磨光等工序才能制成大理石板材。按板材的形状可分为毛光板（代号 MG）、普型板（代号 PX）、圆弧板（代号 HM）、异型板（代号 YX）。

普型板尺寸系列　　　　　　　　　　　　　　　　　　　　　　单位：mm

边长系列	300*、305*、400、500、600*、700、800、900、1000、1200
厚度系列	10*、12、15、18、20*、25、30、35、40、50

注
1. * 为常用规。
2. 圆弧板、异型板和特殊要求的普型板规格尺寸由供需双方协商确定。

（2）允许偏差

普型板规格尺寸允许偏差

单位：mm

项目		A 等级	B 等级	C 等级
长度、宽度		0 −1.0		0 −1.5
厚度	≤ 12	± 0.5	± 0.8	± 1.0
	> 12	± 1.0	± 1.5	± 2.0

圆弧板规格尺寸允许偏差

单位：mm

项目	A 等级	B 等级	C 等级
弦长	0 −1.0		0 −1.5
高度	0 −1.0		0 −1.5

毛光板平面度公差和厚度偏差

单位：mm

项目		A 等级	B 等级	C 等级
平面度		0.8	1.0	1.5
厚度	≤ 12	± 0.5	± 0.8	± 1.0
	> 12	± 1.0	± 1.5	± 2.0

（3）外观质量

大理石外观质量的分类

名称	规定内容	优等品	一等品	合格品
裂纹	长度超过 10mm 的不允许数量 / 条	0	1	2
缺棱	长度不超过 8mm，宽度不超过 1.5mm（长度 ≤ 4mm，宽度 ≤ 1mm 不计），每米长允许数量 / 个			
缺角	沿板材边长顺延方向，长度 ≤ 3mm，宽度 ≤ 3mm（长度 ≤ 2mm，宽度 ≤ 2mm 不计），每块板允许数量 / 个			
色斑	面积不超过 6cm^2（面积小于 2cm^2），每块板允许数量 / 个			
砂眼	直径在 2mm 以下		不明显	有，不影响 装饰效果

2. 花岗石

花岗岩不易风化变质，外观色泽可保持百年以上，因此多用于墙基础和外墙饰面。由于花岗岩硬度较高、耐磨，所以也常用于高级建筑装修工程。

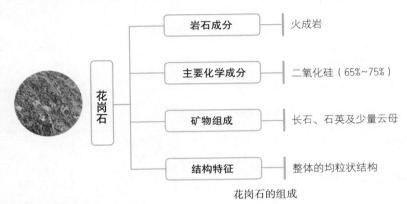

花岗石的组成

（1）规格尺寸

规格板尺寸系列   单位：mm

边长系列	300*、305*、400、500、600*、800、900、1000、1200、1500、1800
厚度系列	10*、12、15、18、20*、25、30、35、40、50

注 ▶ * 为常用规格。

（2）允许偏差

规格板尺寸允许偏差   单位：mm

项目		镜面和细面板材			粗面板材		
		优等品	一等品	合格品	优等品	一等品	合格品
长度、宽度		0 −1.0	0 −1.0	0 −1.5	0 −1.0		0 −1.5
厚度	≤ 12	±0.5	±1.0	+1.0 −1.5	—		
	> 12	±1.0	±1.5	±2.0	+1.0 −2.0	±2.0	+2.0 −3.0

（3）外观质量

花岗石外观质量的分类

名称	规定内容	优等品	一等品	合格品
裂纹	长度不超过两端顺延至板边总长度 1/10（长度 < 20mm 的不计），每块板允许数量 / 条	0	1	2
缺棱	长度 ≤ 10mm，宽度 ≤ 1.2mm（长度 < 5mm，宽度 < 1mm 不计），周边每米长允许数量 / 个			
缺角	沿板材边长顺延方向，长度 ≤ 3mm，宽度 ≤ 3mm（长度 ≤ 2mm，宽度 ≤ 2mm 不计），每块板允许数量 / 个			
色斑	面积 ≤ 15mm×30mm（面积 < 10mm×10mm 的不计），每块板允许数量 / 个		2	3
色线	长度不超过两端顺延至板边总长度的 1/10（长度 < 40mm 的不计），每块板允许数量 / 条			

（4）物理性能

花岗石的物理性能

项目		技术指标	
		一般用途	功能用途
体积密度 /（g/cm^3） ≥		2.56	2.56
吸水率 /% ≤		0.60	0.40
压缩强度 /MPa ≥	干燥	100	131
	水饱和		
弯曲强度 /MPa ≥	干燥	8.0	8.3
	水饱和		
耐磨性 /（L/cm^3） ≥		25	25

3. 人造石

人造石又称合成石材，是一种环保型复合材料，种类多样、颜色丰富。它兼具大理石的天然质感和坚固的质地，同时还具有无毒性、无放射性，阻燃，不粘油、不渗污、抗菌防霉，耐磨、耐冲击，易保养，可无缝拼接、造型百变等优点。

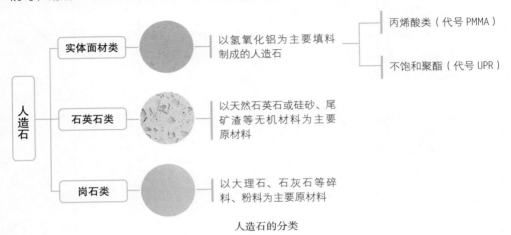

人造石的分类

（1）规格尺寸

人造石的规格尺寸   单位：mm

种类	项目	尺寸
实体面材类	Ⅰ型	2440×760×12
	Ⅱ型	2440×760×6
	Ⅲ型	3050×760×12
石英石类	边长	400、600、760、800、900、1000、1200、1400、1450、1500、1600、2000、2400（2440）、3000、3050、3600
	厚度	8、10、12、15、16、18、20、25、30
岗石类	边长	400、600、800、900、1000、1200
	厚度	12、15、16、16.5、18、20、30
岗石类	边长	400、600、800、900、1000、1200
	厚度	12、15、16、16.5、18、20、30

（2）允许偏差

人造石的允许偏差

实体面材	
规格尺寸偏差	长度、宽度偏差的允许值为规定尺寸的 0~0.3%
	厚度偏差的允许值为：＞6mm 的，≤ ±0.3mm；≤ 6mm 的，≤ ±0.2mm
对角线偏差	同一块板材对角线最大差值不大于 5mm
平整度	Ⅰ型、Ⅲ型：不大于 0.5mm
	Ⅱ型：不大于 0.3mm
边缘不直度	板材边缘不直度，不大于 1.5mm/m

石英石		
规格尺寸偏差	边长：$^{0}_{-1.0}$（A 级）；$^{0}_{-1.5}$（B 级）	
	厚度：$^{+1.5}_{-1.5}$（A 级）；$^{+1.8}_{-1.8}$（B 级）	
角度公差 /（mm/m）	板材长度≤ 400mm	≤ 0.3（A 级）；≤ 0.6（B 级）
	400mm ＜板材长度≤ 800mm	≤ 0.4（A 级）；≤ 0.8（B 级）
	板材长度＞ 800mm	≤ 0.5（A 级）；≤ 0.9（B 级）

岗石		
规格尺寸偏差	边长：$^{0}_{-1.0}$（A 级）；$^{0}_{-1.5}$（B 级）	
	厚度：$^{+1.5}_{-1.5}$（A 级）；$^{+1.8}_{-1.8}$（B 级）	
角度公差 /(mm/m)	板材长度≤ 400mm	≤ 0.2（A 级）；≤ 0.4（B 级）
	400mm ＜板材长度≤ 800mm	≤ 0.5（A 级）；≤ 0.7（B 级）
	800mm ＜板材长度≤ 1200mm	≤ 0.7（A 级）；≤ 0.9（B 级）
	板材长度＞ 1200mm	由供需双方商定

4. 砂岩

砂岩为亚光石材，无光污染，且放射性基本为零，对人体无害。它还具有防潮、防滑、吸音、吸光、无味、不褪色、冬暖夏凉等优点，且其耐用性可比拟大理石和花岗岩。按矿物组成种类可分为杂砂岩（石英含量50%~90%）、石英砂岩（石英含量大于90%）、石英岩（经变质的石英砂岩）。

砂岩修饰背景墙

（1）规格尺寸

规格板尺寸系列	单位：mm
边长系列	300*、305*、400、500*、600*、800、900、1000、1200、1500、1800
厚度系列	10*、12、15、18、20*、25、30、35、40、50

 注 ▶ * 为常用规格。

（2）允许偏差

规格板尺寸允许偏差　　　单位：mm

项目		优等品	一等品	合格品
长度、宽度		0 / −1.0		0 / −1.5
厚度	≤ 12	±0.5	±0.8	±1.0
	> 12	±1.0	±1.5	±2.0

（3）外观质量

砂岩外观质量缺陷范围

名称	规定内容	优等品	一等品	合格品
裂纹	长度≥10mm 的数量/条	0		
缺棱	长度≤8mm，宽度≤1.5mm（长度≤4mm，宽度≤1mm 不计），每米长允许数量/个	0	1	2
缺角	沿板材边长顺延方向，长度≤3mm，宽度≤3mm（长度≤2mm，宽度≤2mm 不计），每块板允许数量/个			
色斑	面积≤6cm^2（面积＜2 cm^2 不计），每块板允许数量/个			
砂眼	直径＜2mm		不明显	有，不影响装饰效果

（4）物理性能

砂岩的物理性能

体积密度/（g/cm^3）	≥2（杂砂岩）；≥2.4（石英砂岩）；≥2.56（石英岩）
吸水率/%	≤8（杂砂岩）；≤3（石英砂岩）；≤1（石英岩）
压缩强度/MPa	≥12.6（杂砂岩）；≥68.9（石英砂岩）；≥137.9（石英岩）
弯曲强度/MPa	≥2.4（杂砂岩）；≥6.9（石英砂岩）；≥13.9（石英岩）
耐磨性/cm^{-3}	≥2（杂砂岩）；≥8（石英砂岩）；≥8（石英岩）

5. 石材饰面材料计算

　　石材饰面板常用于地面、墙面和柱面装饰。用材规格有几种尺寸，在计算中可按规格分类计算使用面积，复杂形状可按展开面积计算。切截损耗、搬运损耗控制在 1.2% 左右。公式如下。

$$板材使用数量（块）= \frac{实测使用面积 \times 101.2\%}{板材规格面积}$$

每平方米地面石板材铺设辅料用量参考表

普通水泥	中砂	铜条分隔线			水泥砂浆层厚度
		宽度	厚度	长度	
15kg	0.05m³	8~10mm	3~4mm	1.5m	15mm

每平方米水泥粘贴法辅料用量参考表

基面形状	板材规格	安装高度	425 号水泥	中砂
平面	边长 < 400mm	< 1m	13kg	0.02m³
曲面	边长 < 200mm	—	12kg	0.02m³

每平方米镶贴法辅料用量参考表

板材规格	安装高度	Φ6 或 Φ8 钢筋	16 号不锈钢丝（或 14 号铜丝）	425 号水泥	中砂
边长 > 400mm	> 1m	6~8m	1.6m	15kg	0.05m³

每平方米镶贴法辅料用量参考表

板材规格	安装高度	不锈钢角	4mm 不锈钢丝	膨胀螺栓
边长 > 1m	> 1m	6~8 个	0.8m	6~8 个

（二）板材

1. 吸声板

吸声板是指板状的具有吸声降噪作用的材料，吸声板的表面有很多小孔，声音进入小孔后，便会在结构内壁中反射，直至大部分声波的能量被消耗转变成热能，由此达到隔声的功能。

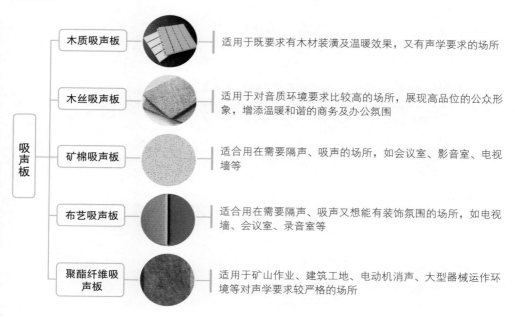

木质吸声板 —— 适用于既要求有木材装潢及温暖效果，又有声学要求的场所

木丝吸声板 —— 适用于对音质环境要求比较高的场所，展现高品位的公众形象，增添温暖和谐的商务及办公氛围

矿棉吸声板 —— 适合用在需要隔声、吸声的场所，如会议室、影音室、电视墙等

布艺吸声板 —— 适合用在需要隔声、吸声又想能有装饰氛围的场所，如电视墙、会议室、录音室等

聚酯纤维吸声板 —— 适用于矿山作业、建筑工地、电动机消声、大型器械运作环境等对声学要求较严格的场所

吸声板的分类

（1）规格尺寸

矿棉吸声板的公称尺寸

单位：mm

长度	宽度	厚度
600、1200、1800	300、400、600	9、12、15、18、20

木质吸声板的公称尺寸

单位：mm

长度	宽度	厚度
600、1000、1220、2440	128、190、280、600	12、15、18

（2）允许偏差

矿棉吸声板尺寸允许偏差　　　　单位：mm

项目	复合粘贴板及暗架板	明架跌级板	明架平板	明暗架板
长度	±0.5	±1.5	±2.0	±2.0
宽度				±0.5
厚度		±1.0	±1.0	
直角偏离度	≤ 1/1000	≤ 2/1000	≤ 3/1000	

木质穿孔吸声板的允许偏差　　　　单位：mm

项目	单位	允许偏差
长度偏差	mm/m	±2.0
宽度偏差	mm/m	±2.0
厚度与板内厚度偏差	mm	±0.25
直角度	mm	0.25
边缘直角度	mm/m	0.30
拼装离缝	mm	0.30
拼装高度差	mm	0.30

木质多孔吸声板的允许偏差　　　　单位：mm

项目	单位	允许偏差
长度偏差	mm/m	±2.0
宽度偏差	mm/m	±2.0
厚度与板内厚度偏差	mm	±2.0
平整度	mm	2.0
直角度	mm	0.25
边缘直角度	mm/m	0.30
拼装高度差	mm	0.30

2. 细木工板

细木工板俗称大芯板，是由两片单板中间胶压拼接木板而成的。中间木板是由优质天然的木方板经热处理（即烘干室烘干）以后，加工成一定规格的木条，由拼板机拼接而成。拼接后的木板两面各覆盖两层优质单板，再经冷、热压机胶压后制成。

墙面上多用细木工板来做造型的基层

（1）规格尺寸

细木工板宽度和长度尺寸　　　　　　　　　　　　单位：mm

宽度	长度				
915	915	—	1830	2135	—
1220	—	1220	1830	2135	2440

（2）允许偏差

细木工板厚度偏差　　　　　　　　　　　　　　　单位：mm

基本厚度	不砂光		砂光（单面或双面）	
	每张板内厚度公差	厚度偏差	每张板内厚度公差	厚度偏差
≤ 16	1.0	±0.6	0.6	±0.4
> 16	1.2	±0.8	0.8	±0.6

3.刨花板

刨花板是指将木材或非木材植物纤维原料加工成刨花，施加胶黏剂，组胚成型并经热压而成的一类人造板材。

（1）规格尺寸

刨花板的尺寸规格

厚度	由供需双方协商确定
幅面尺寸	宽度为1220mm，长度为2440mm

（2）允许偏差

刨花板的允许偏差

项目		基本厚度范围	
		≤ 12mm	> 12mm
厚度偏差	未砂光板	$^{+1.5}_{-0.3}$ mm	$^{+1.7}_{-0.5}$ mm
	砂光板	± 0.3mm	
长度和宽度偏差		±2mm/m，最大值 ±5 mm	
垂直度		< 2 mm/m	
边缘直度		≤ 1 mm/m	
平整度		≤ 12mm	

4.装饰单板贴面人造板

装饰单板贴面人造板是以天然木质装饰单板为饰面材料，以胶合板、刨花板、纤维板为基材制成的未经涂饰加工的一种人造板材。

木纹饰面板在室内装饰中的应用

（1）规格尺寸

装饰单板贴面人造板的幅面尺寸　　　　　单位：mm

宽度	长度				
915	915	1220	1830	2135	—
1220	—	1220	1830	2135	2440

（2）允许偏差

不同基材的装饰单板贴面人造板长度和宽度允许偏差　　　　　单位：mm

项目	长度和宽度允许偏差
装饰单板贴面胶合板	±2.5
装饰单板贴面细木工板	+5 0
装饰单板贴面刨花板	+5 0
装饰单板贴面中密纤维板	±3

装饰单板贴面人造板厚度允许偏差　　　　　单位：mm

基本厚度 t	允许偏差
$t < 4$	±0.2
$4 \leqslant t < 7$	±0.3
$7 \leqslant t < 20$	±0.4
$t > 20$	±0.5

（3）物理性能

装饰单板贴面人造板物理力学性能要求

检验项目	各项性能指标值的要求	
	装饰单板贴面胶合板、装饰单板贴面细木工板等	装饰单板贴面刨花板、装饰单板贴面中密度纤维板等
含水率 /%	6.0~14.0	4.0~13.0
浸渍剥离试验	试件贴面胶层与胶合板或细木工板每个胶层上的每一边剥离长度均不超过 25mm	试件贴面胶层上的每一边剥离长度均不超过 25mm
表面胶合强度 /MPa	≥ 0.4	
冷热循环试验	试件表面不允许有开裂、鼓泡、起皱、变色、枯燥，且尺寸稳定	

装饰单板贴面人造板物理力学性能要求

级别标志	限量值		备注
	装饰单板贴面胶合板、装饰单板贴面细木工板等	装饰单板贴面刨花板、装饰单板贴面中密度纤维板等	
E_0	$\leq 0.5mg/L$	—	可直接用于室内
E_1	$\leq 1.5mg/L$	$\leq 9.0mg/100g$	可直接用于室内
E_2	$\leq 5.0\ mg/L$	$\leq 30.0mg/100g$	经处理并达到 E_1 级后允许用于室内

（三）涂料

1. 建筑用墙面涂料中有害物质限量

　　建筑用墙面涂料中对人体和环境有害的物质容许限量适用于直接在现场涂装、工厂化涂装，对以水泥基及其非金属材料（木质材料除外）为基材的建筑物内表面和外表面进行装饰和保护的各类建筑用墙面涂料。

水性墙面涂料中有害物质限量值要求

项目		限量值			
		内墙涂料	外墙涂料[①]		腻子[②]
			含效应颜料类	其他类	
VOC含量		≤ 80g/L	≤ 120g/L	≤ 100g/L	≤ 10g/kg
甲醛含量		≤ 50mg/kg			
苯系物总和含量 [仅限苯、甲苯、二甲苯(含乙苯)]		≤ 100 mg/kg			
总铅（Pb）含量 （限色漆和腻子）		≤ 90 mg/kg			
可溶性重金属含量 （限色漆和腻子）	镉（Cd）含量	≤ 75 mg/kg			
	铬（Cr）含量	≤ 60 mg/kg			
	汞（Hg）含量	≤ 60 mg/kg			
烷基酚聚氧乙烯醚总和含量		≤ 1000 mg/kg			—

注

① 涂料产品所有项目均不考虑水的稀释配比。

② 膏状腻子及仅以水稀释的粉状腻子所有项目均不考虑水的稀释配比；粉状腻子（除仅以水稀释的粉状腻子外）除总铅、可溶性重金属项目直接测试粉体外，其余项目按产品明示的施工状态下的施工配比将粉体与水、胶黏剂等其他液体混合后测试。如施工状态下的施工配比为某一范围时，应按照水用量最小、胶黏剂等其他液体用量最大的配比混合后测试。

装饰板涂料中有害物质限量值要求

项目	限量值			
	水性装饰板涂料[1]		溶剂型装饰板涂料[2]	
	合成树脂乳液类	其他类	含效应颜料类	其他类
VOC 含量	≤ 120g/L	≤ 250g/L	≤ 760g/L	≤ 580g/L
甲醛含量	≤ 50mg/kg		—	
总铅（Pb）含量 （限色漆）	镉（Cd）含量	≤ 75 mg/kg		
	铬（Cr）含量	≤ 60 mg/kg		
	汞（Hg）含量	≤ 60 mg/kg		
乙二醇醚及醚酯总和含量	≤ 300 mg/kg			
卤代烃总和含量	—		≤ 0.1%	
苯含量	—		≤ 0.3%	
甲苯与二甲苯（含乙苯）总和含量	—		≤ 20%	

注
① 水性装饰板涂料产品所有项目均不考虑水的稀释配比。
② 溶剂型装饰板涂料所有项目按产品明示的施工状态下的施工配比混合后测定。如多组分的某组分使用量为某一范围时，应按照产品施工状态下的施工配比规定的最大比例混合后进行测定。

2. 内墙涂料

内墙涂料是一种施工方便、安全、耐水洗、透气性好的涂料，它可根据不同的配色方案调配出不同的色泽。

（1）底漆技术要求

底漆技术要求

项目	指标要求
在容器中的状态	无硬块，搅拌后呈均匀状态
施工性	刷涂无障碍
低温稳定性（3次循环）	不变质

项目	指标要求
低温成膜性	5℃成膜无异常
涂膜外观	正常
干燥时间（表干）/h	≤ 2
耐碱性（24h）	无异常
抗泛碱性（48h）	无异常

（2）面漆技术要求

面漆技术要求

项目	指标		
	合格品	一等品	优等品
在容器中的状态	无硬块，搅拌后呈均匀状态		
施工性	刷涂两道无障碍		
低温稳定性（3次循环）	不变质		
低温成膜性	5℃成膜无异常		
涂膜外观	正常		
干燥时间（表干）/h	2		
对比率（白色和浅色）	0.90	0.93	0.95
耐碱性（24h）	无异常		
耐洗刷性/次	350	1500	6000

3. 乳胶漆

乳胶漆是乳胶涂料的俗称，是以丙烯酸酯共聚乳液为代表的一大类合成树脂乳液涂料。乳胶漆是水分散性涂料，它是以合成树脂乳液为基料，填料经过研磨分散后加入各种助剂精制而成的涂料，具备了与传统墙面涂料不同的众多优点，如易于涂刷、干燥迅速、漆膜耐水、耐擦洗性好、抗菌等。

乳胶漆具有多变的色彩

乳胶漆产品要求

室内用和室外用可调色乳胶基础漆产品要求

项目	指标		
	用于调浅色漆的可调色乳胶基础漆	用于调中等色漆的可调色乳胶基础漆	用于调深色漆的可调色乳胶基础漆
在容器中的状态	无影快，搅拌后呈均匀状态		
固体含量	≥ 50%		≥ 40%
黏度	≥ 75KU		
相容性	目测无浮色、发花		
	色差 ΔE ≤ 0.5	色差 ΔE ≤ 0.8	炭黑、铁红色色差 ΔE ≤ 1.0 酞菁蓝色色差 ΔE ≤ 15
颜色稳定性	色差 ΔE ≤ 1.0		

4. 调和漆

调和漆分油性调和漆及磁性调和漆两种，用干性油、颜料等制成的叫作油性调和漆，用树脂、干性油和颜料等制成的叫作磁性调和漆。在室内适宜用磁性调和漆，这种调和漆比油性调和漆好，漆膜较硬，光亮平滑，但耐候性较油性调和漆差。

（1）油性调和漆物理性能

油性调和漆物理性能

项目		指标
在容器中的状态		无硬块，搅拌后呈均匀状态
施工性		涂刷时无障碍
漆膜颜色和外观		符合标准及其色差范围、平整光滑
流出时间 /s		≥ 40
细度 / μm		≤ 35
干燥时间 /h	表干	≤ 8
	实干	≤ 24
镜面光泽		≥ 80
硬度		≤ 0.2
挥发物含量 /%		≤ 50
闪点 /℃		≥ 30
防结皮性		不结皮

（2）磁性调和漆物理性能

磁性调和漆物理性能

项目	指标		
	合格品	一等品	优等品
在容器中的状态	无硬块，搅拌后呈均匀状态		
施工性	喷涂无障碍		
漆膜颜色和外观	符合标准及其色差范围、平整光滑		
流出时间 /s	≥ 35		
细度 / μm	≤ 20		

续表

项目		指标		
		合格品	一等品	优等品
干燥时间 /h	表干	≤ 5	≤ 8	≤ 8
	实干	≤ 15	≤ 15	≤ 15
镜面光泽		≥ 90	≥ 85	≥ 85
耐弯曲性 /mm		≤ 3		
耐光性		3/4 级	3 级	2/3 级
加速泛黄性（对白色）		≤ 0.15		
渗色性		无渗色		
耐水性 /h		18	8	6
耐挥发油性 /h		6	4	4
储存稳定性 / 级	结皮性	≥ 10		
	沉降性	≥ 8	≥ 8	≥ 8
溶剂可溶物中苯酐含量 /%		≥ 23		

5. 装饰涂料用量计算

在实际装饰工程的施工中，各种涂料的涂盖能力受到多方面因素的影响。其中，影响较大的是涂布基层性质，即涂布基层的吸收性和平整度，如多孔隙、吸收性强的软木、壁板、抹灰面等，要比同样面积的金属、玻璃等非吸收面多耗 2~3 倍的用料；在粗糙、不平整表面的涂布能力，要比吸收率相同的平整面的涂布面积少 50%~75%。

磁性调和漆物理性能

涂料类型	涂布面积 / (m²/L)	干膜厚度 /μm
高固体性和无溶剂型涂料	3~4	200~250
低固体含量涂料	4~5	5~50
磷化底漆	9~11	5~15
普通溶剂型底漆	11~13	35~45
高稠度底漆	14~16	50~75
乳胶漆	15~17	25~30

续表

涂料类型	涂布面积 / (m²/L)	干膜厚度 / μm
油性和醇酸中间涂层及面漆涂料	16~18	30~40
银粉漆	18~20	30~40

各色调和漆墙壁用料参考

名称	单位	数量	备注
各色调和漆	kg	1.5	操底油一遍；刮腻子一遍；刷调和漆两遍
光油	kg	0.7	
松节油	kg	0.5	
消石灰	kg	1.2	
砂纸	张	1.5	

刷浆、喷浆每10m²用量参考

材料名称	石灰浆			大白浆		
	三遍成活			两遍成活		
	头遍	两遍	三遍	批腻子	头遍	两遍
熟桐油	0.02[①]	0.02[①]	0.02[①]	—	—	—
大白粉	—	—	—	1	1.2	1
石灰	0.5	0.65	0.45	—	—	—
水	3.2	4.16	2.88	—	0.8	0.68
皮胶	—	—	—	0.02	0.02	0.02
石性颜料	0.02[②]	0.05[②]	0.06[②]	—	—	—
可赛银粉	—	—	—	—	—	—

材料名称	可赛银			喷浆		
	两遍成活			三遍成活		
	批腻子	头遍	两遍	头遍	两遍	三遍
熟桐油	—	—	—	0.02[1]	0.02[1]	0.02[1]
大白粉	0.3	—	—	—	—	—
石灰	—	—	—	0.8	0.65	0.6
水	—	1.35	1.2	5.12	4.16	3.84
皮胶	—	—	—	—	—	—
石性颜料	—	—	—	0.02[2]	0.05[2]	0.06[2]
可赛银粉	0.5	0.9	0.8	—	—	—

注 ▶ ①外墙刷浆用。
②刷色浆用。

（四）玻璃

1. 平板玻璃

平板玻璃也称白片玻璃或净片玻璃，其化学成分一般为钠钙硅酸盐。

（1）规格尺寸

公称厚度	备注
2mm	—
3mm	主要用于画框表面
4mm	—
5mm	主要用于外墙窗户、门扇等小面积透光造型中
6mm	

续表

公称厚度	备注
8mm	主要用于室内屏风等较大面积但又有框架保护的造型之中
10mm	可用于室内大面积隔断、栏杆等装修项目
12mm	可用于地弹簧玻璃门和一些活动及人流较大的隔断之中
15mm	一般市面上销售较少，往往需要订货，主要用于较大面积的地弹簧玻璃门、外墙整块玻璃墙面
19mm	
22mm	
25mm	

（2）尺寸偏差

长度和宽度的尺寸偏差

单位：mm

公称厚度	尺寸偏差	
	尺寸 ≤ 3000	尺寸 > 3000
2 ~ 6	±2	± 3
8 ~ 10	+ 2，- 3	+ 3，- 4
12 ~ 15	± 3	±4
19 ~ 25	± 5	±5

厚度偏差和厚薄差的尺寸偏差

单位：mm

公称厚度	厚度偏差	厚薄差
2 ~ 6	± 0.2	0.2
8 ~ 1 2	± 0.3	0.3
15	± 0.5	0.5
19	± 0.7	0.7
22 ~ 25	± 1.0	1.0

2. 中空玻璃

用两片（或三片）玻璃，使用高强度、高气密性复合黏结剂，将玻璃片与内含干燥剂的铝合金框架黏结，制成的高效能隔声、隔热玻璃。主要用于需要采暖、空调、防止噪声或结露以及需要无直射阳光和特殊光的建筑物上。

（1）规格尺寸

中空玻璃可采用厚度为 3mm、4mm、5mm、6mm、8mm、10mm、12mm 的原片玻璃，空气层厚度可采用 6mm、9mm、12mm 间隔。

（2）允许偏差

长度及宽度允许偏差　　　　　　　　　　　单位：mm

长（宽）度 L	允许偏差
$L < 1000$	±2
$1000 \leqslant L < 2000$	+2、-3
$L \geqslant 2000$	±3

厚度允许偏差　　　　　　　　　　　单位：mm

公称厚度 D	允许偏差
$D < 17$	±1.0
$17 \leqslant D < 22$	±1.5
$D \geqslant 22$	±2.0

注 ▶ 中空玻璃的公称厚度为玻璃原片公称厚度与中空腔厚度之和。

最大允许叠差　　　　　　　　　　　单位：mm

长（宽）度 L	最大允许叠差
$L < 1000$	2.0
$1000 \leqslant L < 2000$	3.0
$L \geqslant 2000$	4.0

注 ▶ 曲面和有特殊要求的中空玻璃的叠差由供需双方商定。

3. 夹层玻璃

夹层玻璃是由两片或多片玻璃，之间夹了一层或多层有机聚合物膜（中间膜），经过特殊的高温预压（或抽真空）及高温高压工艺处理后，使玻璃和中间膜永久黏合为一体的复合玻璃产品。

长度及宽度允许偏差　　　　　　　　　　　　　　单位：mm

公称尺寸（边长 L）	公称厚度 ≤ 8	公称厚度 > 8	
		每块玻璃公称厚度 < 10	至少一块玻璃公称厚度 ≥ 10
L ≤ 1100	+2.0 -2.0	+2.5 -2.0	+3.5 -2.5
1100 < L ≤ 1500	+3.0 -2.0	+3.5 -2.0	+4.5 -3.0
1500 < L ≤ 2000	+3.0 -2.0	+3.5 -2.0	+5.0 -3.5
2000 < L ≤ 2500	+4.5 -2.5	+5.0 -3.0	+6.0 -4.0
L > 2500	+5.0 -3.0	+5.5 -3.5	+6.5 -4.5

最大允许叠差　　　　　　　　　　　　　　单位：mm

长（宽）度 L	最大允许叠差
L ≤ 1000	2.0
1000 < L ≤ 2000	3.0
2000 < L ≤ 4000	4.0
L > 4000	6.0

4. 钢化玻璃

钢化玻璃属于安全玻璃，为提高玻璃的强度，通常使用化学或物理的方法，在玻璃表面形成压应力，玻璃承受外力时首先抵消表层应力，从而提高了承载能力。钢化玻璃多用于需要大面积玻璃的场所，如玻璃墙、玻璃门、楼梯扶手等。

钢化玻璃用于楼梯

（1）规格尺寸

一般平面钢化玻璃厚度有 11mm、12mm、15mm、19mm 等十二种；曲面钢化玻璃厚度有 11mm、15mm、19mm 等八种，具体加工后的厚度还是要看各厂家的设备和技术。

（2）允许偏差

长方形平面钢化玻璃边长允许偏差　　　　单位：mm

厚度	边长（L）允许偏差			
	$L \leq 1000$	$1000 < L \leq 2000$	$2000 < L \leq 3000$	$L > 3000$
3、4、5、6	+1 −2	±3	±4	±5
8、10、12	+2 −3			
15	±4	±4	±4	±5
19	±5	±5	±6	±7
> 19	由供需双方商定			

长方形平面钢化玻璃对角线差允许值　　　　单位：mm

公称厚度	对角线允许偏差		
	边长≤ 2000	2000 <边长≤ 3000	边长> 3000
3、4、5、6	±3.0	±4.0	±5.0
8、10、12	±4.0	±5.0	±6.0
15、19	±5.0	±6.0	±7.0
> 19	由供需双方商定		

厚度及其允许偏差　　　　单位：mm

公称厚度	厚度允许偏差
3、4、5、6	±0.2
8、10	±0.3
12	±0.4
15	±0.6
19	±2.0
> 19	由供需双方商定

5. 空心玻璃砖

用透明或颜色玻璃制成的块状、空心的玻璃制品或块状表面施釉的制品。多数情况下，玻璃砖并不作为饰面材料使用，而是作为结构材料，用于墙体、屏风、隔断等。

玻璃砖用于外墙

（1）外形尺寸

外形尺寸长、宽、厚的允许偏差不大于 1.5mm；正外表面最大上凸不大于 2.0mm，最大凹进不大于 1.0mm；两个半坯允许有相对移动或转动，其间隙不大于 1.5mm。

（2）外观质量

项目名称	要求
裂纹	不允许有贯穿裂纹
熔接缝	不允许超出砖外边缘
缺口	不允许有
气泡	直径不大于 1mm 的气泡忽略不计，但不允许密集存在； 直径 1～2mm 的气泡允许有 2 个； 直径 2～3mm 的气泡允许有 1 个； 直径 > 3mm 的气泡不允许有； 宽度小于 0.8mm、长度小于 10mm 的拉长气泡允许有 2 个； 宽度小于 0.8mm、长度小于 15mm 的拉长气泡允许有 1 个，超过该范围的不允许有
结石或异物	直径小于 1mm 的允许有 2 个
玻璃屑	直径小于 1mm 的忽略不计，直径 1～3mm 的允许有 2 个，直径大于 3mm 的不允许有
线道	距 1m 观察不可见
划伤	不允许有长度大于 30mm 的划伤
麻点	连续的麻点痕长度不超过 20mm
剪刀痕	正表面边部 10mm 范围内每面允许有 1 条，其他部位不允许有

项目名称	要求
料滴印	距 1m 观察不可见
模底印	距 1m 观察不可见
冲头印	距 1m 观察不可见
油污	距 1m 观察不可见

6. 压花玻璃

压花玻璃是指在玻璃硬化前，用刻有各种花纹、图案的滚筒，在玻璃单面或两面滚压上深浅不一的花纹、图案。压花玻璃多用于办公室、会议室、浴室以及公共场所分离室的门窗和隔断等处。

压花玻璃可以使物体影像模糊

尺寸及其允许偏差

长度和宽度尺寸允许偏差　　　　单位: mm

厚度	允许偏差
3	±2
4	±2
5	±2
6	±2
8	±2

厚度尺寸允许偏差　　　　单位: mm

厚度	允许偏差
3	±0.3
4	±0.4
5	±0.4
6	±0.5
8	±0.6

三、地面材料的规格尺寸

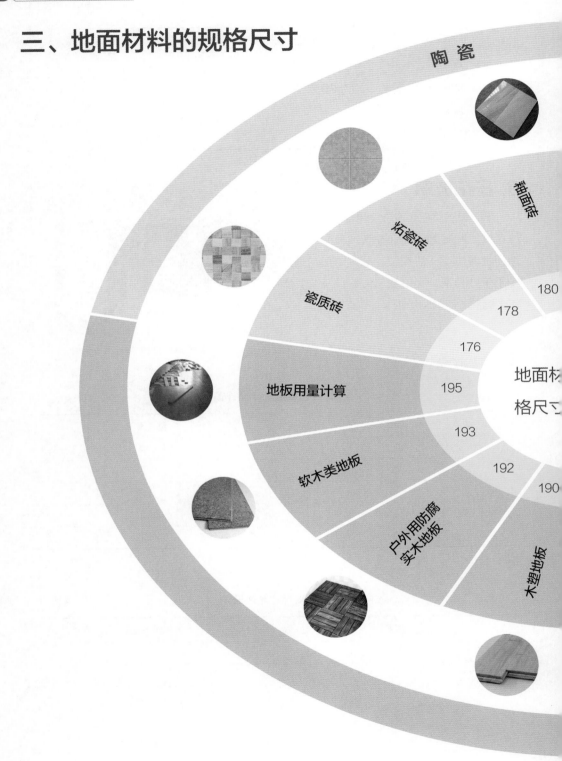

陶瓷

釉面砖

炻瓷砖

瓷质砖

地板用量计算

软木类地板

户外用防腐
实木地板

木塑地板

地面材
格尺寸

180
178
176
195
193
192
190

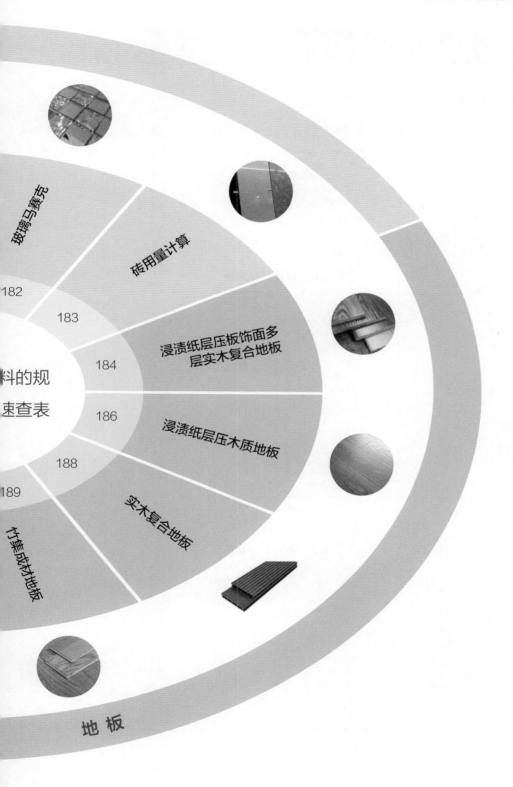

（一）陶瓷

1. 瓷质砖

瓷质砖指吸水率不超过 0.5% 的陶瓷砖。瓷质砖具有天然石材的质感，而且更具有高光性、高硬度、高耐磨、高抗污性、吸水率低、色差少以及规格多样化和色彩丰富等特点。

（1）规格尺寸

正方形瓷质砖尺寸规格　　　　　　　　　　单位：mm

	长度	宽度	厚度
	172.5	172.5	10
	300	300	8、8.3、10、10.5
	527.5	527.5	10
	600	600	9.7、10、10.3

长方形瓷质砖尺寸规格　　　　　　　　　　单位：mm

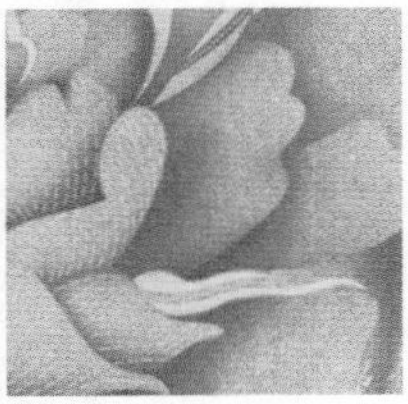

	长度	宽度	厚度
	300	450	10
	300	600	10.5
	330	250	8

（2）允许偏差

尺寸和表面质量		产品表面积 S/cm^2				
		$S \leqslant 90$	$90 < S \leqslant 190$	$190 < S \leqslant 410$	$410 < S \leqslant 1600$	$S > 1600$
长度和宽度	每块砖相对工作尺寸的允许偏差 /%	± 1.2	± 1.0	± 0.75	± 0.6	± 0.5
		每块抛光砖（2 条或 4 条边）的平均尺寸相对于工作尺寸的允许偏差为 ± 0.1%				
	每块砖相对于 10 块砖平均尺寸的允许误差 /%	± 0.75	± 0.5	± 0.5	± 0.5	± 0.4
厚度	每块砖相对于工作尺寸厚度的允许偏差 /%	± 10	± 10	± 5	± 5	± 5
	边直度相对于工作尺寸的最大允许偏差 /%	± 0.75	± 0.5	± 0.5	± 0.5	± 0.3
		抛光砖的边直度允许偏差为 ± 0.2%，且最大偏差 ≤ 2.0mm				
	直角度相对于工作尺寸的最大允许偏差 /%	± 1.0	± 0.6	± 0.6	± 0.6	± 0.5
		抛光砖的直角度允许偏差为 ± 0.2%，且最大偏差 < 2.0mm，边长 > 600mm 的砖，直角度用对边长度差和对角线长度表示，最大偏差 ≤ 2.0mm				
表面平整度最大允许偏差	相对于工作尺寸计算的对角线的中心弯曲度	± 1.0	± 0.5	± 0.5	± 0.5	± 0.4
	相对于工作尺寸的弯曲度	± 1.0	± 0.5	± 0.5	± 0.5	± 0.4
	相对于由工作尺寸计算的对角线的翘曲度	± 1.0	± 0.5	± 0.5	± 0.5	± 0.4

2. 炻瓷砖

炻瓷砖是指吸水率大于 0.5%，但不超过 3% 的陶瓷砖。炻瓷砖具有高硬度、高耐磨、高抗污性、吸水率低的特点。

（1）规格尺寸

正方形炻瓷砖尺寸规格　　　　　　　　　　单位：mm

	长度	宽度	厚度
	300	300	8、10、10.5
	600	600	9.7、10、10.3
	800	800	11、12、12.5

长方形炻瓷砖尺寸规格　　　　　　　　　　单位：mm

	长度	宽度	厚度
	300	450	10
	300	600	11
	330	250	8
	350	172.5	10

（2）允许偏差

尺寸和表面质量		产品表面积 S/cm²			
		$S \leqslant 90$	$90 < S \leqslant 190$	$190 < S \leqslant 410$	$S > 410$
长度和宽度	每块砖相对于工作尺寸的允许偏差/%	±1.2	±1.0	±0.75	±0.6
	每块砖相对于10块砖平均尺寸的允许误差/%	±0.75	±0.5	±0.5	±0.5
厚度	每块砖相对于工作尺寸厚度的允许偏差/%	±10	±10	±5	±5
	边直度相对于工作尺寸的最大允许偏差/%	±0.75	±0.5	±0.5	±0.5
	直角度相对于工作尺寸的最大允许偏差/%	±1.0	±0.6	±0.6	±0.6
表面平整度最大允许偏差	相对于工作尺寸计算的对角线的中心弯曲度	±1.0	±0.5	±0.5	±0.5
	相对于工作尺寸的弯曲度	±1.0	±0.5	±0.5	±0.5
	相对于由工作尺寸计算的对角线的翘曲度	±1.0	±0.5	±0.5	±0.5

3. 釉面砖

　　釉面砖是指砖的表面经过施釉后高温高压烧制处理的瓷砖，是由土坯和表面的釉面两个部分构成的。主体又分陶土和瓷土两种，陶土烧制出来的釉面砖背面呈红色，瓷土烧制的釉面砖背面呈灰白色。釉面砖表面可以做成各种图案和花纹，比抛光砖的色彩和图案丰富，因为表面是釉料，所以耐磨性不如抛光砖。

釉面砖更多地用于厨房和卫生间中

（1）规格尺寸

正方形釉面砖规格尺寸　　　　　　　单位：mm

品种	规格			圆弧半径 （R > r）
	长A	宽A	厚D	
平边	152 152	152 152	5 6	—
平边一边圆	152 152	152 152	5 6	8 12
平边两边圆	152 152	152 152	5 6	8 12

品种	规格			圆弧半径 （ $R > r$ ）	
	长 A	宽 A	厚 D		
小圆边	152 152 108	152 152 108	5 6 5	5 7 5	
小圆边一边圆	152 152 108	152 152 108	5 6 5	5 7 5	8 12 8
小圆边两边圆	152 152 108	152 152 108	5 6 5	5 7 5	8 12 8

长方形釉面砖规格尺寸

单位：mm

品种	规格			圆弧半径 （ $R > r$ ）
	长 A	宽 A	厚 D	
长边圆	152 152	75 75	5 6	8 12
短边圆	152 152	75 75	5 6	8 12
左二边圆	152 152	75 75	5 6	8 12
右二边圆	152 152	75 75	5 6	8 12
平边	152 152	75 75	5 6	—

（2）允许偏差

釉面砖单位面积用量、损耗率参考

规格 /mm	每平方米用量 / 块	损耗率 /%
152 × 152	44	3
108 × 108	86	3

4. 玻璃马赛克

玻璃马赛克耐酸碱、耐腐蚀、不褪色，是非常适合装饰卫生间墙地面的建材。玻璃马赛克是非常小巧的装修材料，组合变化的可能性非常多：具象的图案，同色系深浅跳跃或过渡，或为瓷砖等其他装饰材料做纹样点缀等。

各类型的复合拼接陶瓷马赛克

（1）规格尺寸

玻璃马赛克一般为正方形，如 20mm×20mm、25mm×25mm、30mm×30mm，其他规格尺寸由供需双方协商。

（2）允许偏差

单块玻璃马赛克边长、厚度的尺寸偏差　　　　　单位：mm

边长	允许偏差	厚度	允许偏差
20	±0.5	4.0	±0.4
25	±0.5	4.2	±0.4
30	±0.6	4.3	±0.5

玻璃马赛克联长、线路和周边距的尺寸偏差　　　　　　　单位：mm

项目	尺寸	允许偏差
联长	327 或其他尺寸的联长	±2
线路	2.0、3.0 或其他尺寸	±0.6
周边距	—	1~8

（3）外观质量

玻璃马赛克外观质量允许偏差

缺陷名称		表示方法	缺陷允许范围 /mm	备注
变形	凹陷	深度	≤ 0.3	—
	弯曲	弯曲度	≤ 0.5	
缺边		长度	≤ 4.0	允许一处
缺角		宽度	≤ 2.0	
裂纹		损伤长度	≤ 4.0	
疵点			不允许	
皱纹		—	不明显	—
开口气泡			不密集	

5. 砖用量计算

（1）粗略的计算方法

用砖数量 = 房间地面面积 ÷ 每块地砖面积 ×（1+10%）

注：式中 10% 是指增加的损耗。

（2）精确的计算方法

用砖数量 =（房间长度 ÷ 砖长）×（房间宽度 ÷ 砖宽）

例如：长 5m、宽 4m 的房间，采用 400mm×400mm 规格地砖的计算方法为 5÷0.4=12.5（取 13），4÷0.4=10，13×10=130，因此用砖总量为 130 块。

（二）地板

1. 浸渍纸层压板饰面多层实木复合地板

以浸渍纸层压板为饰面层，以胶合板为基材，经压合并加工制成的企口地板。

室内铺装效果

（1）规格尺寸

浸渍纸层压板饰面多层实木复合地板的规格尺寸

幅面尺寸	（450～2430）mm×（60～600）mm
厚度	7~20mm
榫舌宽度	≥3mm

（2）允许偏差

浸渍纸层压板饰面多层实木复合地板的允许偏差

厚度偏差	公称厚度与平均厚度之差绝对值≤ 0.5mm； 厚度最大值与最小值之差 ≤ 0.5mm
面层净长偏差	公称长度≤ 1500mm 时，公称长度与每个测量值之差绝对值≤ 1.0mm； 公称长度 > 1500mm 时，公称长度与每个测量值之差绝对值≤ 2.0mm
面层净宽偏差	公称宽度与平均宽度之差绝对值≤ 0.1mm； 宽度最大值与最小值之差 ≤ 0.2mm
直角度	q_{max} ≤ 0.2mm
边缘直度	S_{max} ≤ 0.3mm/m
翘曲度	宽度方向凸翘曲≤ 0.2%，宽度方向凹翘曲≤ 0.15%； 长度方向凸翘曲≤ 0.2%，长度方向凹翘曲≤ 0.15%
拼装离缝	拼装离缝平均值≤ 0.15mm； 拼装离缝最大值≤ 0.20mm
拼装高度差	拼装高度差平均值≤ 0.10mm； 拼装高度差最大值≤ 0.15mm

2. 浸渍纸层压木质地板

以一层或多层专用纸浸渍热固性氨基树脂,铺装在刨花板、高密度纤维板等人造板基材表面,背面加平衡层、正面加耐磨层,经热压、成型的地板。商品名称为强化木地板。

强化木地板可以有不同的铺装方式,也可以有装饰效果

(1)规格尺寸

浸渍纸层压木质地板的规格尺寸

幅面尺寸	(600~2430)mm×(60~600)mm
厚度	6~15mm
榫舌宽度	≥3mm

(2)允许偏差

浸渍纸层压木质地板的允许偏差

厚度偏差	公称厚度与平均厚度之差绝对值≤0.5mm; 厚度最大值与最小值之差 ≤0.5mm
面层净长偏差	公称长度≤1500mm 时,公称长度与每个测量值之差绝对值≤1.0mm; 公称长度>1500mm 时,公称长度与每个测量值之差绝对值≤2.0mm
面层净宽偏差	公称宽度与平均宽度之差绝对值≤0.1mm; 宽度最大值与最小值之差 ≤0.2mm
直角度	q_{max} ≤ 0.2mm
边缘直度	S_{max} ≤ 0.3mm/m
翘曲度	宽度方向凸翘曲≤0.2%,宽度方向凹翘曲≤0.15%; 长度方向凸翘曲≤1.0%,长度方向凹翘曲≤0.5%
拼装离缝	拼装离缝平均值≤0.15mm; 拼装离缝最大值≤0.20mm
拼装高度差	拼装高度差平均值≤0.10mm; 拼装高度差最大值≤0.15mm

（3）理化性能

浸渍纸层压木质地板的理化性能

检验项目	单位	指标
静曲强度	MPa	≥ 35.0
内结合强度	MPa	≥ 1.0
含水率	%	3.0 ~ 10.0
密度	g/cm³	≥ 0.85
吸水厚度膨胀率	%	≤ 18
表面胶合强度	MPa	≥ 1.0
表面耐冷热循环	—	无龟裂、无鼓泡
表面耐划痕	—	4.0N 时表面装饰花纹未划破
尺寸稳定性	mm	≤ 0.9
表面耐磨	转	商用级：≥ 9000
		家用 I 级：≥ 6000
		家用 II 级：≥ 4000
表面耐香烟灼烧	—	无黑斑、裂纹和鼓泡
表面耐干热	—	无龟裂、无鼓泡
表面耐污染腐蚀	—	无污染、无腐蚀
表面耐龟裂	—	用 6 倍放大镜观察，表面无裂纹
抗冲击	N·m	≤ 10
甲醛释放量	mg/L	E_0 级：≤ 0.5
耐光色牢度	级	≥灰度卡 4 级

3. 实木复合地板

以实木拼板或单板（含重组装饰单板）为面板，以实木拼板、单板或胶合板为芯层或底层，经不同组合层压加工而成的地板。以面板树种来确定地板树种名称（面板为不同树种的拼花地板除外）。

（1）规格尺寸

实木复合地板的规格尺寸

单位：mm

长度	300 ~ 220
宽度	60 ~ 220
厚度	8 ~ 22

（2）允许偏差

实木复合地板的允许偏差

厚度偏差	公称厚度与平均厚度之差绝对值 ≤ 0.5mm； 厚度最大值与最小值之差 ≤ 0.5mm
面层净长偏差	公称长度 ≤ 1500mm 时，公称长度与每个测量值之差绝对值 ≤ 1.0mm； 公称长度 > 1500mm 时，公称长度与每个测量值之差绝对值 ≤ 2.0mm
面层净宽偏差	公称宽度与平均宽度之差绝对值 ≤ 0.2mm； 宽度最大值与最小值之差 ≤ 0.3mm
直角度	q_{max} ≤ 0.2mm
边缘直度	S_{max} ≤ 0.3mm/m
翘曲度	宽度方向凸翘曲 ≤ 0.2%，宽度方向凹翘曲 ≤ 1.0%；
拼装离缝	拼装离缝平均值 ≤ 0.15mm； 拼装离缝最大值 ≤ 0.20mm
拼装高度差	拼装高度差平均值 ≤ 0.10mm； 拼装高度差最大值 ≤ 0.15mm

（3）理化性能

实木复合地板的理化性能

检验项目	单位	指标
浸渍剥离	—	任一边的任一胶层开胶的累计长度不超过该胶层长度的 1/3,6 块试件中有 5 块试件合格即为合格
静曲强度	MPa	≥ 30.0
弹性模量	MPa	≥ 4000
含水率	%	5.0 ~ 14.0
漆膜附着力	—	割痕交叉处允许有漆膜剥落，漆膜沿割痕允许有少量断续剥落
表面耐磨	g/100r	≤ 0.15, 且漆膜未磨透
漆膜硬度		≥ 2H
表面耐污染		无污染痕迹
甲醛释放量		应符合 GB18580 的要求

注　1. 未涂饰实木复合地板和油饰面实木复合地板不检验漆膜附着力、表面耐磨、漆膜硬度和表面耐污染项目。

2. 当使用悬浮式铺装时，面板与底层纹理垂直的两层实木复合地板和背面开横向槽的实木复合地板不检验静曲强度和弹性模量项目。

4. 竹集成材地板

竹集成材地板是指将精刨竹条按纤维方向相互平行，宽度方向拼宽，厚度方向层积一次胶合、加工而成的或层板厚度方向层积胶合、加工而成的企口地板。

（1）规格尺寸

竹集成材地板的规格尺寸

单位：mm

长度	450 ~ 2200
宽度	75 ~ 200
厚度	8 ~ 18

（2）允许偏差

竹集成材地板的允许偏差

厚度偏差	公称厚度与平均厚度之差绝对值 ≤ 0.3mm； 厚度最大值与最小值之差 ≤ 0.2mm
面层净长偏差	公称长度与每个测量值之差绝对值 ≤ 0.5mm
面层净宽偏差	公称宽度与平均宽度之差绝对值 ≤ 0.15mm； 宽度最大值与最小值之差 ≤ 0.2mm
直角度	q_{max} ≤ 0.15mm
边缘直度	S_{max} ≤ 0.2mm/m
翘曲度	宽度方向凸翘曲 ≤ 0.2%，宽度方向凹翘曲 ≤ 0.5%
拼装离缝	拼装离缝平均值 ≤ 0.15mm； 拼装离缝最大值 ≤ 0.20mm
拼装高度差	拼装高度差平均值 ≤ 0.15mm； 拼装高度差最大值 ≤ 0.20mm

5. 木塑地板

　　木塑地板是一种新型环保型木塑复合材料产品，在生产中加入再生塑料，经过造粒设备做成木塑复合材料，然后使用挤出机将粒料挤出成型材。此类地板可用于园林景观、别墅等户外平台。

（1）规格尺寸

木塑地板的规格尺寸　　单位：mm

幅面尺寸	（600 ~ 6000）×（60 ~ 300）
厚度	8 ~ 60
榫舌宽度	≥ 3

（2）允许偏差

木塑地板的允许偏差

项目	要求	
	室外用	室内用
厚度偏差	公称厚度与平均厚度之差的绝对值≤ 1.20mm；厚度最大值与最小值之差≤ 1.20mm	公称厚度与平均厚度之差的绝对值≤ 0.80mm；厚度最大值与最小值之差≤ 0.80mm
面层净长偏差	公称长度与每个测量值之差的绝对值≤板长的 0.2%	公称长度与每个测量值之差的绝对值≤板长的 0.1%
面层净宽偏差	公称宽度与平均宽度之差的绝对值≤ 1.20mm；宽度最大值与最小值之差≤ 0.80mm	公称宽度与平均宽度之差的绝对值≤ 1.0mm；宽度最大值与最小值之差≤ 0.60mm
直角度	≤ 0.50mm	
边缘直度	≤ 1.00mm/m	
翘曲度	长度方向≤ 6.00mm/m	
拼装离缝	拼装离缝平均值≤ 0.30mm；拼装离缝最大值≤ 0.50mm	
拼装高度差	拼装高差平均值≤ 0.10mm；拼装高差最大值≤ 0.15mm	

注 ▶ 无榫舌的木塑地板不要求拼装离缝和拼装高度差。

（3）有害物质限量

室内用木塑地板有害物质限量

项目		单位	限量值
甲醛释放量		mg/L	E_0 级≤ 0.5 E_1 级≤ 1.5
基材氯乙烯单体		mg/kg	≤ 5
基材重金属	可溶性铅	mg/m²	≤ 20
	可溶性镉		≤ 20

续表

项目		单位	限量值
涂饰层重金属	可溶性铅	mg/kg	≤ 90
	可溶性镉		≤ 75
	可溶性铬		≤ 60
	可溶性汞		≤ 60
挥发物		g/m²	基材发泡 ≤ 75 基材不发泡 ≤ 40

6. 户外用防腐实木地板

指木材经防腐处理，制成定型的适用于户外使用的实木地板。专门用于户外环境的露天木地板，并且可以直接用于与水体、土壤接触的环境中，是户外木地板、园林景观地板、户外木平台、露台地板、户外木栈道及其他室外防腐木凉棚的首选材料。

露天阳台、庭院都可以使用

（1）规格尺寸

户外用防腐实木地板的规格尺寸　　　　　　　　单位：mm

长度	1200 ~ 2100
宽度	90 ~ 150
厚度	20 ~ 100

（2）允许偏差

户外用防腐实木地板的允许偏差

长度		公称长度≤1500mm时，±3.0mm
宽度		±1.0mm
厚度		±1.0mm
边缘直度		≤1.50mm/m
翘曲度	长度方向	公称长度≤1500mm时，应≤0.5%；公称长度>1500mm时，应≤0.8%
	宽度方向	≤0.3%

（3）理化性能

户外用防腐实木地板的理化性能

项目	单位	指标要求
含水率	%	10～19
静曲强度	MPa	≥40
弹性模量	MPa	≥4000

7. 软木类地板

　　软木类地板是指以栓皮栎（类似树种）的树皮加工而成的地板和以栓皮栎（类似树种）的树皮与其他材料复合加工而成的地板。软木类地板与实木地板相比更具环保性，隔音性和防潮效果也会更好些，可带给人极佳的脚感，也可提供极大的缓冲作用，其独有的隔声效果和保温性能也非常适合应用于卧室、会议室、图书馆、录音棚等场所。

软木地板在室内中的铺装效果

（1）软木地板规格尺寸及其偏差

正方形软木地板边长 100~640mm，尺寸偏差为 ±0.5。

正方形软木地板规格尺寸及其偏差

边长 L	直角度	边缘直度
L < 300mm	≤ 0.5mm	≤ 0.5mm/m
300mm ≤ L < 450mm	≤ 0.75mm	≤ 0.75mm/m
L ≥ 450mm	≤ 1.00mm	≤ 1.00mm/m

长方形软木地板幅面尺寸及其偏差

项目	要求
长度偏差	公称长度与每个测量值之差的绝对值小于或等于 1.0mm
宽度偏差	公称宽度与平均宽度之差绝对值小于或等于 0.2mm； 宽度最大值与最小值之差小于或等于 0.3mm
直角度	≤ 0.2mm
边缘直度	≤ 0.3mm/m

（2）软木复合地板规格尺寸及其偏差

软木复合地板规格尺寸
单位：mm

长度	300 ~ 2200
宽度	60 ~ 220
地板总厚度	8 ~ 15
软木基层厚度	≥ 2

软木复合地板尺寸偏差

项目	要求
厚度偏差	公称厚度与平均厚度之差的绝对值小于或等于 0.5mm； 厚度最大值与最小值之差小于或等于 0.5mm
软木层净长偏差	公称长度与每个测量值之差的绝对值小于或等于 1.0mm
面层净宽偏差	公称宽度与平均宽度之差绝对值小于或等于 0.2mm； 宽度最大值与最小值之差小于或等于 0.3mm
直角度	≤ 0.2mm
边缘直度	≤ 0.3mm/m
翘曲度	宽度方向小于或等于 0.2%；长度方向小于等或等于 1.0%
拼装离缝	最大值≤ 0.2mm
拼装高度差	最大值≤ 0.2mm

8. 地板用量计算

地板的施工方法主要有架铺、直铺和拼铺三种，但表面地板数量的核算都相同，只需将地板的总面积再加上 8% 左右的损耗量即可。但对架铺地板，在核算时还应对架铺用的大木方条和铺基面层的细木工板进行计算。核算这些木材可从施工图上找出其规格和结构，然后计算其总数量。如施工图上没有注明其规格，则可按常规方法计算数量。

（1）粗略的计算方法

地板的用量（m²）= 房间面积 + 房间面积 × 损耗率

注 ▶ 损耗率一般为 3%~5%。

（2）精确的计算方法

地板块数 =（房间长度 ÷ 地板板长）×（房间宽度 ÷ 地板板宽）

四、顶面材料的规格尺寸

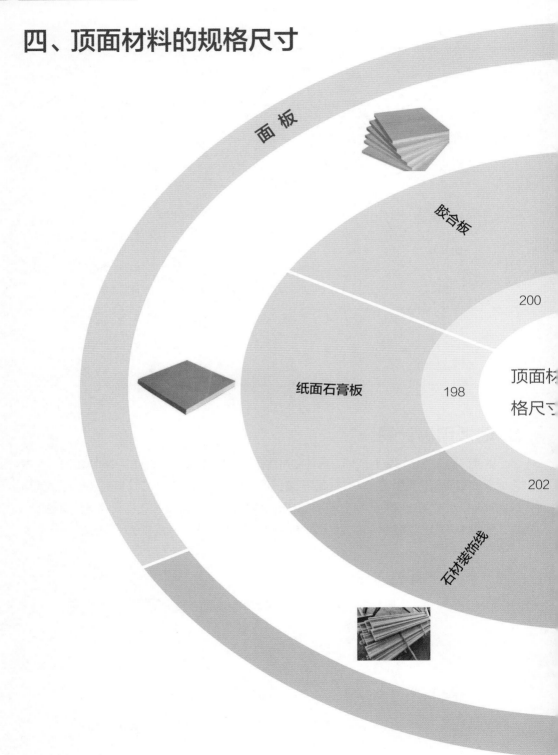

面 板

胶合板

200

纸面石膏板

198

顶面材

格尺寸

202

石材装饰线

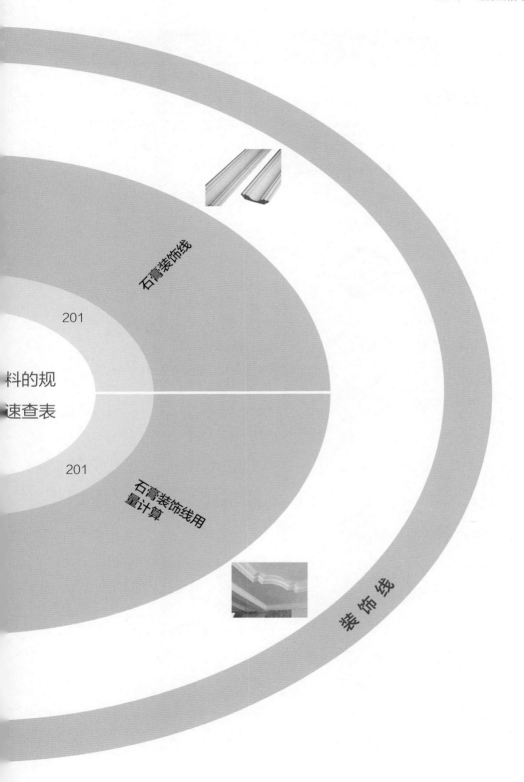

料的规
速查表

201 石膏装饰线

201 石膏装饰线用
量计算

装饰线

（一）面板

1. 纸面石膏板

纸面石膏板是以建筑石膏和护面纸为主要原料，掺加适量纤维、淀粉、促凝剂、发泡剂和水等制成的轻质建筑薄板。它具有轻质、防火、加工性能良好等优点，而且施工方便、装饰效果好。除了用于顶面外，还可用来制作非承重的隔墙。

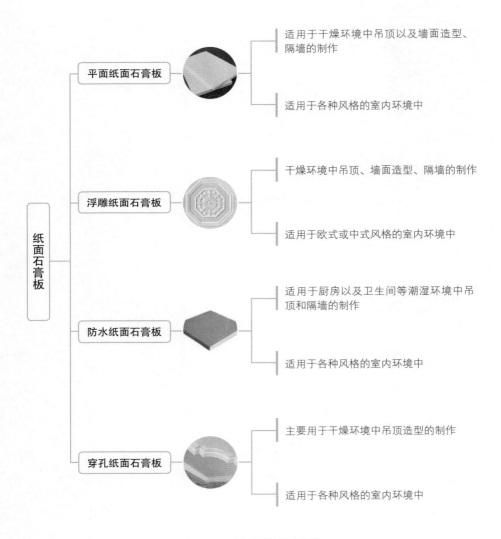

纸面石膏板的分类

（1）规格尺寸

纸面石膏板的规格尺寸

单位：mm

公称长度	1500、1800、2100、2400、2700、3000、3300、3600、3660
公称宽度	600、900、1200、1220
公称厚度	9.5、12、15、18、21、25

（2）允许偏差

纸面石膏板的允许偏差

单位：mm

项目		尺寸偏差
长度		−6 ~ 0
宽度		−5 ~ 0
厚度	9.5	±0.5
	≥ 12	±0.6

（3）其他尺寸要求

板材的面密度

板材厚度 /mm	面密度 /（kg/m^2）
9.5	9.5
12	12
15	15
18	18
21	21
25	25

2. 胶合板

胶合板是由木段旋切成单板或由木方刨切成薄木，再用胶黏剂胶合而成的三层或多层的板状材料，常用的有三合板、五合板等。

（1）规格尺寸

胶合板的幅面尺寸　　　　　　　　　　　　　　　　单位：mm

宽度	长度				
915	915	1220	1830	2135	—
1220	—	1220	1830	2135	2440

（2）允许偏差

胶合板长度和宽度偏差　　　　　　　　　　　　　　单位：mm

项目	尺寸偏差
长度和宽度	±1.5，最大 ±3.5

胶合板厚度偏差要求　　　　　　　　　　　　　　　单位：mm

公称厚度范围 t	未砂光板		砂光板	
	板内厚度公差	公称厚度偏差	板内厚度公差	公称厚度偏差
$t \leqslant 3$	0.5	+0.4 -0.2	0.3	±0.2
$3 < t \leqslant 7$	0.7	+0.5 -0.3	0.5	±0.3
$7 < t \leqslant 12$	1.0		0.6	+（0.2+0.03t） -（0.4+0.03t）
$12 < t \leqslant 25$	1.5	+（0.8+0.03t） -（0.4+0.03t）	0.6	+（0.2+0.03t） -（0.3+0.03t）
$t > 25$			0.8	

（二）装饰线

1. 石膏装饰线

原料为石膏粉，通过和一定比例的水混合灌入模具并加入纤维增加韧性，可带各种花纹，主要安装在天花板以及天花板与墙壁的夹角处，其内可穿过水管、电线等。石膏装饰线实用美观，价格低廉，具有防火、防潮、保温、隔声、隔热功能，并能起到豪华的装饰效果。

（1）规格尺寸

单位：mm

公称长度	1000 ～ 4800
公称宽度	40 ～ 300

（2）允许偏差

长度	0~+20mm
宽度	±1.5mm
最小偏差	≥ 6.0mm
边缘直线度	≤ 1.2 mm/m

2. 石膏装饰线用量计算

（1）装饰线条的主料用量

计算时将相同品种和规格的装饰线条相加，再加上损耗量。一般对线条宽 10～25mm 的小规格装饰线条，其损耗量为 5%～8%；宽度为 25～60mm 的大规格装饰线条，其损耗量为 3%~5%。

（2）装饰线条的辅助材料用量

如用钉枪进行固定，每 100m 的装饰线条需 0.5kg，小规格的装饰线条通常用 20mm 的钉枪固定。如用普通铁钉固定，每 100m 需 0.3kg 左右。装饰线条的粘贴用胶，一般为白乳胶、309 胶、立时得等，每 100m 装饰线条需用量为 0.4～0.8kg。

3. 石材装饰线

石材装饰线条是用石材条石经过加工而成的，一般至少有一个面要保持平直，作为安装面，花线条是一种装饰造型艺术，主要用作门框、窗框、扶手、台面、屋檐、建筑物转角、腰线、踢脚线等的边缘。

（1）规格尺寸

石材装饰线尺寸极限偏差 单位：mm

项目	细面和镜面花线			粗面花线		
	优等品	一等品	合格品	优等品	一等品	合格品
长度	0 -1.5		0 -3.0	0 -3.0		0 -4.0
宽度 / 高度	+1.0 -2.0		+1.0 -3.0	+1.0 -3.0		+1.5 -4.0
厚度	+1.0 -2.0		+2.0 -3.0	+2.0 -3.0		+2.0 -4.0
吻合度	0.5	1.0	1.5	1.0	1.5	2.0

（2）理化性能

体积密度 / (g/cm^3)	大理石：≥ 2.6 花岗岩：≥ 2.5
吸水率 / %	大理石：≥ 0.75 花岗岩：≥ 1.0
干燥压缩强度 /MPa	大理石：≥ 20.0 花岗岩：≥ 60.0
弯曲强度 /MPa	大理石：≥ 7.0 花岗岩：≥ 8.0

第四章
施工数据与规范

一、水路施工中的尺寸要求

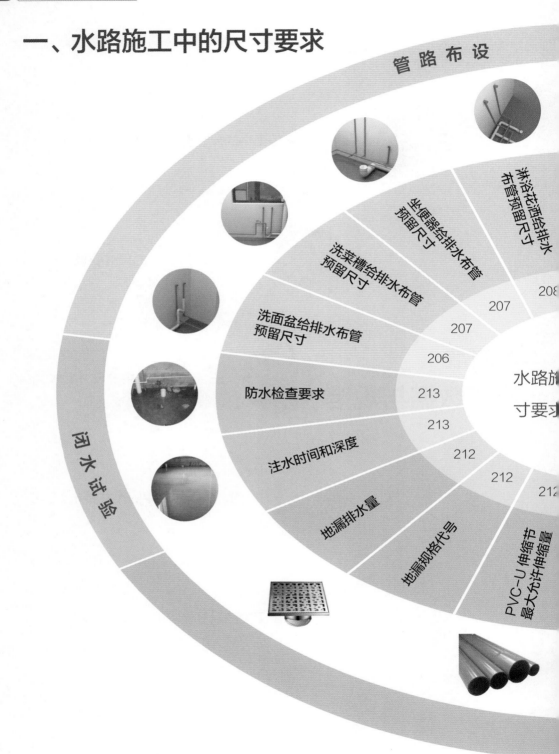

管路布设

淋浴花洒给排水
布管预留尺寸

坐便器给排水布管
预留尺寸

洗菜槽给排水布管
预留尺寸

洗面盆给排水布管
预留尺寸

防水检查要求

注水时间和深度

地漏排水量

地漏规格代号

PVC-U伸缩节
最大允许伸缩量

水路施
寸要求

208

207

207

206

213

213

212

212

212

闭水试验

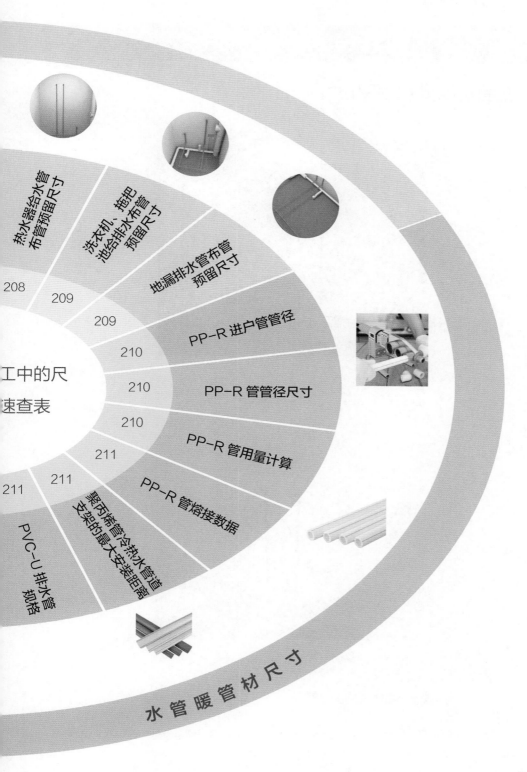

热水器给水管布管预留尺寸　208

洗衣机、拖地池给排水布管预留尺寸　209

地漏排水管预留尺寸　209

PP-R 进户管管径　210

PP-R 管管径尺寸　210

PP-R 管用量计算　210

PP-R 管熔接数据　211

聚丙烯管冷热水管道支架的最大安装距离　211

PVC-U 排水管规格　211

工中的尺

速查表

水管暖管材尺寸

（一）管路布设

1. 洗面盆给排水预留尺寸

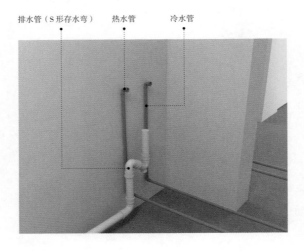

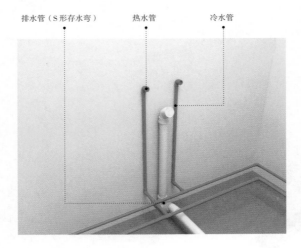

⊕ 冷、热水管应距离侧边的墙面 350~550mm。

⊕ 水管端口高度有两种选择：一种是距地 450~500mm；另一种是距地 900~ 950mm。

2. 洗菜槽给排水预留尺寸

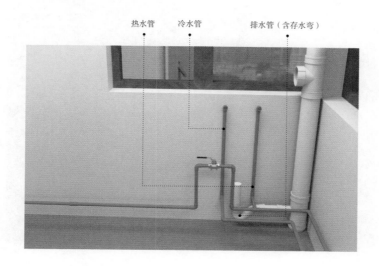

热水管　　　冷水管　　　排水管（含存水弯）

⊕ 冷、热水管之间保持 150~200mm 的间距。

⊕ 冷、热水管端口距地 450~550mm。

3. 坐便器给排水预留尺寸

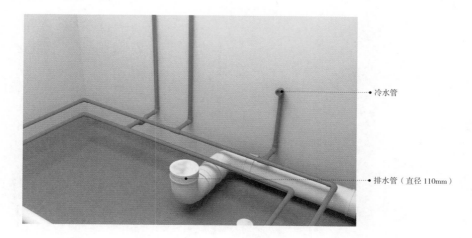

冷水管

排水管（直径 110mm）

⊕ 冷水管的端口距地 250~400mm。

⊕ 排水管采用 110 管（直径 110mm），与主排水立管的直径相同。

4. 淋浴花洒给排水预留尺寸

冷水管

热水管

排水管

⊕ 冷热水管端口距地 1100~1150mm，加上淋浴喷头，共有 2000~2100mm 的距离，在实际使用中较为舒适。

⊕ 当排水管在地面上时，距离最近的墙面为 400~500mm。

5. 热水器给水管预留尺寸

冷水管

热水管

⊕ 热水器的安装高度为 2000~2200mm，因此端口距地标准为 1800mm。

6. 洗衣机、拖把池给排水预留尺寸

洗衣机冷水管

拖把池冷水管

洗衣机排水管

拖把池排水管

⊕ 洗衣机冷水管设计高度应为 1100~1200mm，拖把池冷水管的设计高度应为 300~450mm。

⊕ 拖把池排水管设计在距墙 350mm 的位置，洗衣机排水管则紧贴墙面设计。

7. 地漏排水管预留尺寸

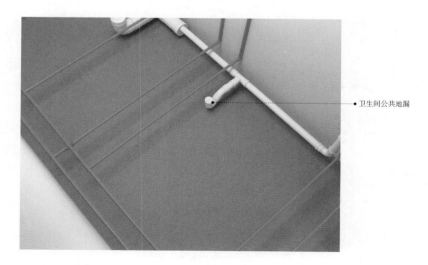

卫生间公共地漏

⊕ 热水器在卫生间中的安装高度为 2000~2200mm 。

⊕ 热水管的安装高度也要相应地提高，端口距地标准为 1800mm。

（二）水管暖管材尺寸

1.PP-R 进户管管径

所有户内管道一般是从水表后开始采用 PP-R 管。

进户管管径要求

户型	冷水管		热水管		热水回水管	
	入户管	水表	入户管	水表	入户管	水表
一厨一卫	$De25$	$DN15$	$De25$	$DN15$	$De20$	$DN15$
一厨二卫	$De32$	$DN20$	$De32$	$DN20$	$De20$	$DN15$
一厨三卫	$De40$	$DN20$	$De40$	$DN20$	$De20$	$DN15$
一厨四卫	$De40$	$DN20$	$De40$	$DN20$	$De20$	$DN15$

2.PP-R 管管径尺寸

PP-R管S系列常用规格　　　　　　　　　　　单位：mm

公称外径	公称壁厚				
	S5	S4	S3.2	S2.5	S2
20	2.0	2.3	2.8	3.4	4.1
25	2.3	2.8	3.5	4.2	5.1
32	2.9	3.6	4.4	5.4	6.5

3.PP-R 管用量计算

（1）敷设长度计算

给水管敷设总长度 $L = L_1 + L_2 + L_3 + L_4$

厨房敷设长度 $L_1 = 1/2A + B + 1/4M$

[A 为厨房长度，B 为厨房宽度，M 为层高]

卫生间敷设长度 $L_2 = (C+D) \times 2 + 4M$

[C 为卫生间长度，D 为卫生间宽度，M 为层高]

阳台敷设长度 $L_3 = 1/2G + H + 1/2M$

[G 为阳台长度，H 为阳台宽度，M 为层高]

额外敷设长度 $L_4 = (I+J+K) \times 2$

[I 为厨房到客卫生间长度，J 为厨房到阳台长度，K 为客卫生间到主卫生间长度]

（2）配件数量计算

配件总数量 =2A（内丝弯头）+2A（三通）+1A（过桥弯头）+1A（90°弯头）+
1/2A（内丝弯头）+2A（丝堵）

[A 为室内用水设备数量]

4.PP-R 管熔接数据

PP-R管材与管件的热熔深度要求

公称外径 /mm	热熔深度 /mm	加热时间 /s	加工时间 /s	冷却时间 /min
20	14	5	4	2
25	15	7	4	2
32	16.5	8	6	4

5. 聚丙烯管冷热水管道支架的最大安装距离

聚丙烯管冷热水管道支架的最大安装距离　　　单位：mm

管径（外径）		20	25	32	40
冷水	水平管	650	800	950	1100
	立管	1000	1200	1500	1700
热水	水平管	500	600	700	800
	立管	900	1000	1200	1400

6.PVC-U 排水管规格

PVC-U排水管规格　　　单位：mm

公称外径	平均外径		壁厚	
	最小平均外径	最大平均外径	公称壁厚	允许偏差
32	32.0	32.2	2.0	±0.4
40	40.0	40.2	2.0	±0.4
50	50.0	50.2	2.0	±0.4
75	75.0	75.3	2.3	±0.4
90	90.0	90.3	3.0	±0.5

续表

公称外径	平均外径		壁厚	
	最小平均外径	最大平均外径	公称壁厚	允许偏差
110	110.0	110.3	3.2	±0.6
125	125.0	125.3	3.2	±0.6
160	160.0	160.4	4.0	±0.6
200	200.0	200.5	4.9	±0.7
250	250.0	250.5	6.2	±0.8
315	315.0	315.6	7.7	±1.0

7.PVC-U 伸缩节最大允许伸缩量

PVC-U伸缩节最大允许伸缩量　　单位：mm

外径	50	75	110	160
最大允许伸缩量	12	12	12	15

8. 地漏规格代号

地漏规格代号　　单位：mm

规格代号	A	B	C	D	E	F
排出口公称直径 DN	30 $< DN \leqslant 40$	40 $< DN \leqslant 50$	50 $< DN \leqslant 75$	75 $< DN \leqslant 100$	100 $< DN \leqslant 125$	125 $< DN \leqslant 150$

9. 地漏排水量

地漏排水量　　单位：L/s

地漏规格代号	用于卫生器具排水	用于地面排水	多通道地漏排水
A	0.15~1.0	—	—
B	0.15~1.0	0.50~1.0	≥ 1.0
C	0.40~1.0	1.0~1.7	≥ 1.7
D	≥ 1.0	1.5~3.8	≥ 3.8
E	—	2.0~5.0	≥ 5.0
F	—	3.5~7.0	≥ 7.0

（三）闭水试验

1. 注水时间和深度

⊕ 蓄水深度应保持在 5~20cm，并做好水位标记。

⊕ 蓄水时间需保持 24~48h。

⊕ 墙面防水涂料要刷到 30cm 的高度，但淋浴区或者摆放柜子的墙面，至少要刷到 1.8m 的高度，有条件的可以刷到顶。

2. 防水检查要求

⊕ 蓄水时间为 1~2 天，前期每小时要到楼下检查一次，后期每 2~3h 到楼下检查一次。

⊕ 观察墙体，看水位线是否有明显下降，仔细检查四周墙面和地面有无渗漏现象。

二、电路施工中的尺寸要求

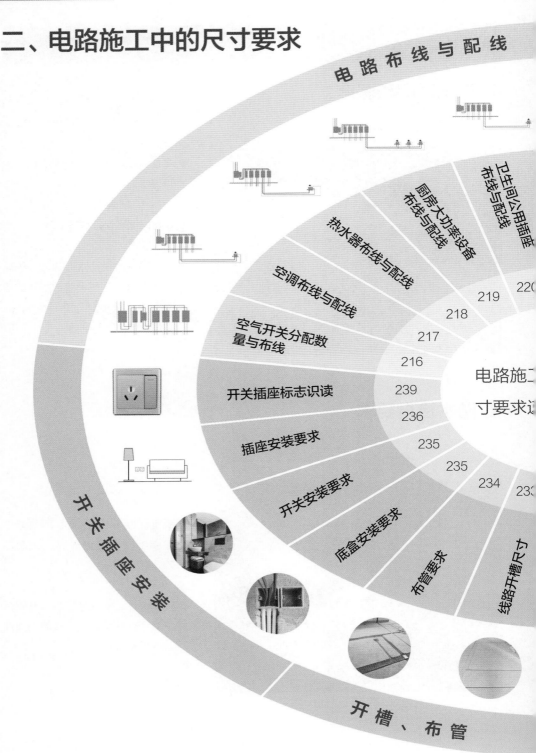

电路布线与配线

卫生间公用插座布线与配线

厨房大功率设备布线与配线

热水器布线与配线

空调布线与配线

空气开关分配数量与布线

开关插座标志识读

插座安装要求

开关安装要求

底盒安装要求

布管要求

线路开槽尺寸

开关插座安装

开槽、布管

电路施工
寸要求

220

219

218

217

216

239

236

235

235

234

233

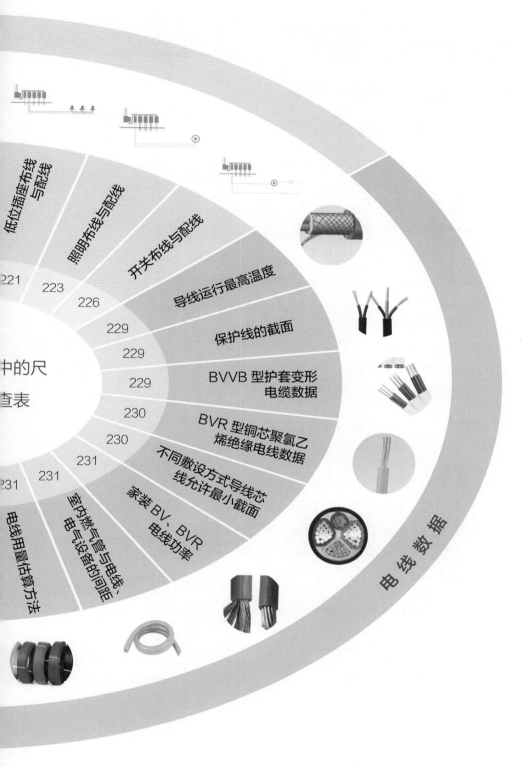

（一）电路布线与配线

1. 空气开关分配数量与布线

（1）漏电保护器控制插座布线方式

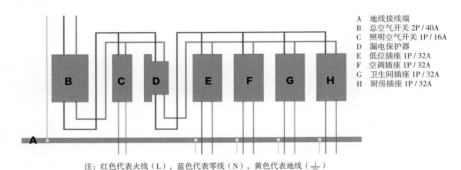

A　地线接线端
B　总空气开关 2P / 40A
C　照明空气开关 1P / 16A
D　漏电保护器
E　低位插座 1P / 32A
F　空调插座 1P / 32A
G　卫生间插座 1P / 32A
H　厨房插座 1P / 32A

注：红色代表火线（L），蓝色代表零线（N），黄色代表地线（⏚）

　　一旦低位插座、厨房插座、卫生间插座或空调插座发生漏电危险，则断路器会发挥作用，断开后面四个空气开关的电路，而照明空气开关则依然正常运行，不会因为漏电而导致室内所有的照明瘫痪，影响日常的使用。

（2）漏电保护器分控插座布线方式

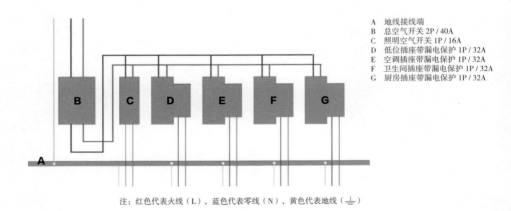

A　地线接线端
B　总空气开关 2P / 40A
C　照明空气开关 1P / 16A
D　低位插座带漏电保护 1P / 32A
E　空调插座带漏电保护 1P / 32A
F　卫生间插座带漏电保护 1P / 32A
G　厨房插座带漏电保护 1P / 32A

注：红色代表火线（L），蓝色代表零线（N），黄色代表地线（⏚）

　　若厨房插座发生漏电现象，则单独断开厨房插座空气开关，而照明和其他三路空气开关依然正常运行，不会受到影响。

（3）漏电保护器控制总空气开关布线方式

A　地线接线端
C　照明空气开关 1P / 16A
E　空调插座 1P / 32A
G　厨房插座 1P / 32A

B　总空气开关带漏电保护 2P / 40A
D　低位插座 1P / 32A
F　卫生间插座 1P / 32A

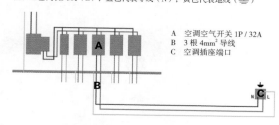

注：红色代表火线（L），蓝色代表零线（N），黄色代表地线（⏚）

一旦某一路空气开关发生漏电危险，则总空气开关会触发漏电保护，进行断开动作，切断室内所有的电路，照明以及各路插座不再承载电流。

在实际使用中，这种空气开关布线方式的应用最广泛，安全系数最高。而一旦发生电路故障，这种方式也是最难维修的，需要逐步排查各个支路，在维修好之后，室内的电路才能正常使用。

2. 空调布线与配线

空调的输出功率较大，通常为 1.5P、2P、3P 或者更多，因此需要配备 4mm² 导线。立式空调的布线位置在客厅或餐厅等面积超过 25m² 的空间，需要配 3 根导线，分别是火线、零线和地线。

注：红色代表火线（L），蓝色代表零线（N），黄色代表地线（⏚）

A　空调空气开关 1P / 32A
B　3 根 4mm² 导线
C　空调插座端口

立式空调的布线端口（内部有 3 根导线，分别为火线、零线和地线）

挂式空调的布线端口（内部有 3 根导线，分别为火线、零线和地线）

3. 热水器布线与配线

A　卫生间空气开关 1P / 32A
B　3 根 4mm² 导线
C　储水式热水器带开关插座端口

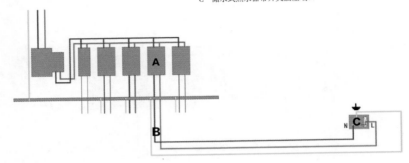

注：红色代表火线（L），蓝色代表零线（N），黄色代表地线（⊥）

储水式热水器安装在卫生间内，因此布线时，需要从卫生间空气开关上引线。储水式热水器的输出功率较大，配 3 根 4mm² 导线，分别是火线、零线和地线。

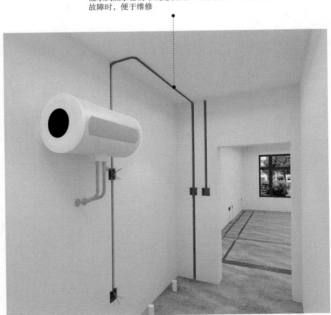

储水式热水器的布线走顶面，不走地面。当电路发生故障时，便于维修

4. 厨房大功率设备布线与配线

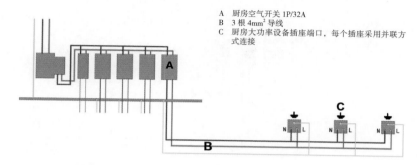

A 厨房空气开关 1P/32A
B 3 根 4mm² 导线
C 厨房大功率设备插座端口，每个插座采用并联方式连接

注：红色代表火线（L），蓝色代表零线（N），黄色代表地线（⏚）

厨房大功率设备对导线的导电性能要求很高，因此全部需要使用 4mm² 导线，如上图所示，并从单独的厨房空气开关上引线。

由于厨房电器具备一定的导电性，因此需要在插座中接入地线。也就是说，厨房的大功率设备需要配 3 根 4mm² 导线。

墙面中预留的为厨房大功率设备插座暗盒，一个在橱柜台面上，一个预留在橱柜地柜里面

5. 卫生间公用插座布线与配线

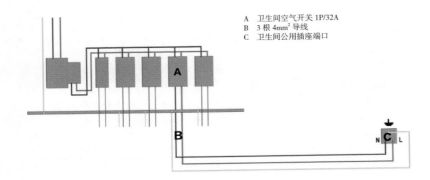

A 卫生间空气开关 1P/32A
B 3 根 4mm² 导线
C 卫生间公用插座端口

注：红色代表火线（L），蓝色代表零线（N），黄色代表地线（⏚）

公用插座在卫生间空气开关上单独引线，采用 3 根 4mm² 导线，分别为火线、零线和地线。

卫生间预留公用插座，是为了使用电吹风、刮胡刀等设备，通常布设在洗手柜的一侧，如上图所示，和卫生间的开关布设在一起。公用插座为五孔防水插座，即插座外侧有防水面罩。

左侧为卫生间公用插座，内部配有 3 根导线，分别火线、零线和地线。右侧为卫生间灯具开关

6.低位插座布线与配线

（1）五孔插座布线与配线

五孔插座的布线与配线主要涵盖客厅、餐厅、卧室以及书房等空间的五孔插座布设。

以卧室为例，五孔插座布设在床头的两侧，通常一侧布设 1 个五孔，一侧布设 2 个五孔，全部采用 $2.5mm^2$ 导线，内部配 3 根导线，分别为火线、零线和地线。卧室内的五孔插座采用并联的方式布线。

卧室低位插座布设高度要略高于床头柜，距地 650mm。靠近门的床一侧布设 2 个低位插座，靠近窗户的床一侧布设 1 个低位插座

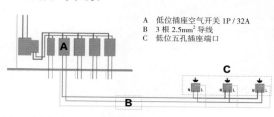

A　低位插座空气开关 1P / 32A
B　3 根 2.5mm² 导线
C　低位五孔插座端口

注：红色代表火线（L），蓝色代表零线（N），黄色代表地线（⏚）

（2）九孔插座布线与配线

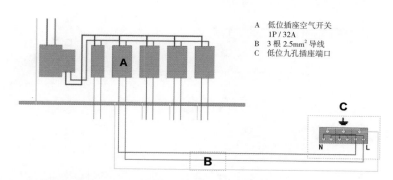

A　低位插座空气开关
　　1P / 32A
B　3 根 2.5mm² 导线
C　低位九孔插座端口

注：红色代表火线（L），蓝色代表零线（N），黄色代表地线（⏚）

九孔插座的布线与配线原理和五孔插座相同，差别体现在暗盒的配置上。九孔插座的暗盒为长方形，内部配 3 根 $2.5mm^2$ 导线，分别为火线、零线和地线，从低位插座上引线。

卧室低位插座布设高度要略高于床头柜，距地 650mm。靠近门的床一侧布设 2 个低位插座，靠近窗户的床一侧布设 1 个低位插座

（3）带开关插座布线与配线

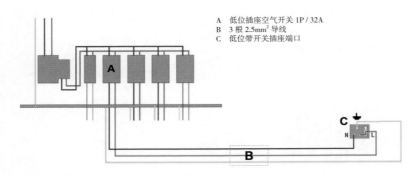

A　低位插座空气开关 1P / 32A
B　3 根 2.5mm² 导线
C　低位带开关插座端口

注：红色代表火线（L），蓝色代表零线（N），黄色代表地线（⏚）

　　带开关插座主要布设在局部，如阳台、餐厅，通过开关控制插座的通电情况。带开关插座从低位空气开关上引线，为 3 根 2.5mm² 导线，分别为火线、零线和地线，从低位插座上引线。

7. 照明布线与配线

（1）主照明光源布线与配线

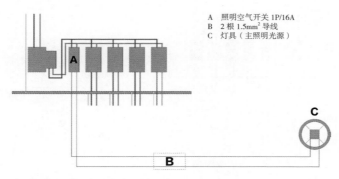

A 照明空气开关 1P/16A
B 2 根 1.5mm² 导线
C 灯具（主照明光源）

注：红色代表火线（L），蓝色代表零线（N）

主照明光源（吊灯、吸顶灯）通常布设在客厅、餐厅或卧室等空间吊顶的中间位置。从照明空气开关上单独引线，采用 1.5mm² 导线，并配有火线、零线 2 根导线。

主照明光源采用正方形暗盒，内部配 2 根 1.5mm² 导线，分别为火线和零线。布线方式为走顶面和墙面

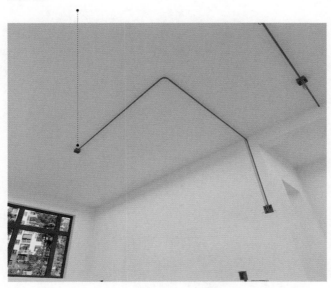

（2）筒灯、射灯照明布线与配线

A　照明空气开关 1P/16A
B　2 根 1.5mm² 导线
C　灯具（主照明光源）

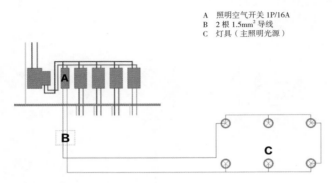

注：红色代表火线（L），蓝色代表零线（N）

　　筒灯、射灯布设在客厅、餐厅或卧室的吊顶中，通常会布设多个筒灯、射灯，采用并联的方式布线，即用 1 根 1.5mm² 的火线，将其他筒灯和射灯并联在一起，然后在端口接上 1 根 1.5mm² 的零线，实现单个开关的控制。

所有并联在一起的筒灯、射灯，采用 1 根穿线管布线，里面配 1 火 1 零 2 根 1.5mm² 导线

（3）暗藏灯带照明布线与配线

A　照明空气开关 1P/16A
B　2 根 1.5mm^2 导线
C　暗藏灯带

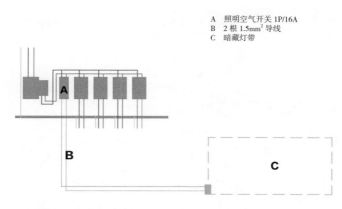

注：红色代表火线（L），蓝色代表零线（N）

　　暗藏灯带在空间中的照明布设，通常为环形、长方形或直线条，暗藏灯带的一端有接线柱，因此只需要预留一个接线口即可。接线口中配 2 根 1.5mm^2 导线，分别为火线和零线。

暗藏灯带的 2 根 1.5mm^2 导线预留在吊顶的角落中，用于连接暗藏灯带

8. 开关布线与配线

（1）单开单控布线与配线

A   照明空气开关 1P/16A
B   2 根 1.5mm² 导线
C   照明灯具
D   单开单控开关

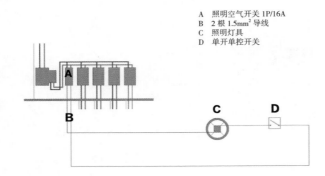

注：红色代表火线（L），蓝色代表零线（N）

单开单控是指一个开关控制一个照明灯具，是最简单的开关布线与配线。先从照明空气开关引出 1 根火线，经由开关到灯具，然后由灯具接 1 根零线到照明空气开关，形成一个完整的回路。单开单控开关和照明配线一样，采用 1.5mm² 导线。

单开单控开关布线从墙面到顶面，连接到灯具的接线口

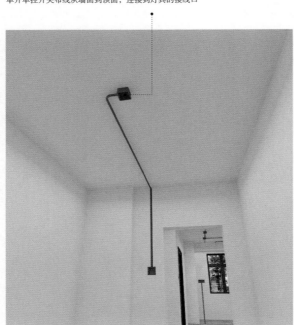

（2）单开双控布线与配线

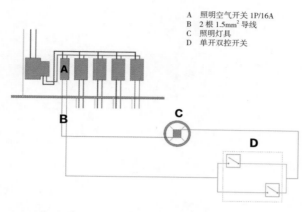

A　照明空气开关 1P/16A
B　2 根 1.5mm² 导线
C　照明灯具
D　单开双控开关

注：红色代表火线（L），蓝色代表零线（N）

　　单开双控是指两个开关控制一盏灯具，每一个开关都可以单独控制灯具的明暗。单开双控的布线是先将两个不同的开关并联在一起，然后和灯具形成一个完整的回路。配线采用 1.5mm² 的火线和零线。

单开双控的两个开关之间布线走地面，连接灯具的部分走顶面。以卧室为例，通常一个开关布设在门口，另一个开关布设在床头一侧

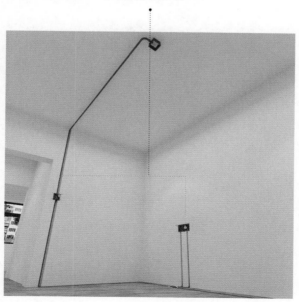

（3）双开双控布线与配线

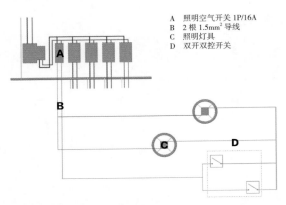

A　照明空气开关 1P/16A
B　2 根 1.5mm² 导线
C　照明灯具
D　双开双控开关

注：红色代表火线（L），蓝色代表零线（N）

　　双开双控是指两个开关控制两盏灯具，每一个开关都可单独控制两盏灯具的明暗。双开双控的布线较为繁杂，每一个开关都需要布 2 根火线到灯具的位置，然后再由灯具接零线到照明开关的位置。双开双控配线采用 1.5mm² 的导线，分别为火线和零线。

双开双控的布线以两个开关为主线路，到顶面分开连接到各自的灯具位置，实现两处开关同时控制两盏灯具

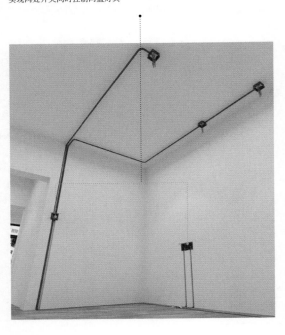

（二）电线数据

1. 导线运行最高温度

导线运行最高温度

类型	极限温度 /℃
裸线	70
铅包或铝包电线	80
塑料电线	65
塑料绝缘电线	70
橡胶绝缘线	65

2. 保护线的截面

保护线的截面

相线的截面积 S/mm^2	相应保护导体的最小截面积 S_p/mm^2
$S \leq 16$	S
$16 < S \leq 35$	16
$35 < S \leq 400$	$S/2$
$400 < S \leq 800$	200
$S > 800$	$S/2$

注 ▷ S 指柜（屏、台、箱、盘）电源进线、相线截面积，并且两者（S、S_p）材质相同。

3.BVVB 型护套变形电缆数据

BVVB型护套变形电缆数据

芯数（根 × 每芯截面面积）/ mm^2	绝缘厚度 /mm	护套厚度 /mm	标称外径 /mm
2×0.75	0.6	0.9	3.97×6.14
2×1.0	0.6	0.9	4.13×6.46
2×1.5	0.7	0.9	4.58×7.36
2×2.5	0.8	1.0	5.39×8.76
2×4	0.8	1.0	5.85×9.7
2×6	0.8	1.1	6.56×10.92

4.BVR 型铜芯聚氯乙烯绝缘电线数据

BVR型铜芯聚氯乙烯绝缘电线数据

标称截面面积 / mm²	线芯结构线径 / mm	参考质量 /(kg/km)	平均外径上限 /mm	20℃时导体电阻 /(Ω/ km) ≤
2.5	19/0.52	34.7	4.2	7.41
4	19/0.52	51.4	4.8	4.61
6	19/0.64	73.6	5.6	3.08
10	49/0.52	129	7.6	1.83
16	49/0.64	186	8.8	1.2
25	98/0.58	306	11	1.15
35	133/0.58	403	12.5	0.868
50	133/0.68	553	14.5	0.641
70	189/0.68	764	16.5	0.443

5. 不同敷设方式导线芯线允许最小截面

不同敷设方式导线芯线允许最小截面

用途		最小芯线截面面积 / mm²		
		铜芯	铝芯	铜芯软线
裸导线敷设在室内绝缘子上		2.5	4.0	—
绝缘导线敷设在绝缘子上（L表示支持点间距）	室内：L ≤ 2m	1.0	2.5	—
	室外：L ≤ 2m	1.5	2.5	—
	室内外：2m < L ≤ 6m	2.5	4.0	—
	室内外：6m < L ≤ 12m	2.5	6.0	—
绝缘导线穿管敷设		1.0	2.5	1.0
绝缘导线槽板敷设		1.0	2.5	—
绝缘导线线槽敷设		0.75	2.5	—
塑料绝缘护套线明敷设		1.0	2.5	—

6. 家装 BV、BVR 电线功率

家装BV、BVR电线功率

截面积 / mm²	220V 下功率 /W	380V 下功率 /W
1（13A）	2900	6500
1.5（19A）	4200	9500
2.5（26A）	5800	13000
4（34A）	7600	17000
6（44A）	10000	22000
10（62A）	13800	31000
16（85A）	18900	42000
25（110A）	24400	55000

7. 室内燃气管与电线、电气设备的间距

室内燃气管与电线、电气设备的间距

电线或电气设备名称	最小间距 /mm
电表、配电器	300
电线（有保护管）	50
电线交叉	20
燃气管道电线明敷（无保护管）	100
熔丝盒、电插座、电源开关	150

8. 电线用量估算方法

确定从门口到各个空间中最远位置的距离。例如，客厅 7m，餐厅 4m，主卧室 12m，书房 12m，儿童房 15m，卫生间 8m，厨房 4m，阳台 6m，走廊 4m。

（1）1.5mm² 电线用量的计算

假设客厅的灯具为 5 个，餐厅的灯具为 3 个，主卧室的灯具为 4 个，书房的灯具为 3 个，儿童房的灯具为 2 个，卫生间的灯具为 3 个，厨房的灯具为 2 个，阳台的灯具为 1 个，走廊的灯具为 2 个。

1.5mm² 电线用量的计算　　　　　　　　　　　　　单位：m

客厅	（7+5）×（主灯数 5）=60
餐厅	（4+5）×（主灯数 3）=27
主卧室	（12+5）×（主灯数 4）=68
书房	（12+5）×（主灯数 3）=51
儿童房	（15+5）×（主灯数 2）=40
卫生间	（8+5）×（主灯数 3）=39
厨房	（4+5）×（主灯数 2）=18
阳台	（6+5）×（主灯数 1）=11
走廊	（4+5）×（主灯数 2）=18
电线用量	所有数值相加 ×2=664

（2）2.5mm² 电线用量的计算

　　假设客厅的插座为 8 个，餐厅的插座为 3 个，主卧室的插座为 4 个，书房的插座为 4 个，儿童房的插座为 3 个，卫生间的插座为 3 个，厨房的插座为 8 个，阳台的插座为 2 个，走廊的插座为 2 个。

2.5mm² 电线用量的计算　　　　　　　　　　　　　单位：m

客厅	（7+2）×（插座数 8）=72
餐厅	（4+2）×（插座数 4）=24
主卧室	（12+2）×（插座数 4）=56
书房	（12+2）×（插座数 4）=56
儿童房	（15+2）×（插座数 3）=51
卫生间	（8+2）×（插座数 3）=30
厨房	（4+2）×（插座数 8）=48
阳台	（6+2）×（插座数 2）=16
走廊	（4+2）×（插座数 2）=12
电线用量	所有数值相加 ×3=1095

（3）4mm² 电线用量的计算

　　假设客厅大功率电器为 1 个，餐厅大功率电器为 0，主卧室大功率电器为 0，书房大功率电器为 0，儿童房大功率电器为 0，卫生间大功率电器为 2 个，厨房大功率电器为 1 个，阳台大功率电器为 0，走廊大功率电器为 0。

4mm²电线用量的计算　　　　　　　　　　　　　　单位：m

客厅	（7+4）×（电器数 1）=11
餐厅	（4+3）×（电器数 0）=0
主卧室	（12+4）×（电器数 0）=0
书房	（12+4）×（电器数 0）=0
儿童房	（15+4）×（电器数 0）=0
卫生间	（8+3）×（电器数 2）=22
厨房	（4+3）×（电器数 1）=7
阳台	（6+2）×（电器数 0）=0
走廊	（4+2）×（电器数 0）=0
电线用量	所有数值相加 ×3=120

（三）开槽、布管

1. 线路开槽尺寸

- ⊕ 开槽深度应保持一致，一般来说是 PVC 管直径 +10mm。

- ⊕ 地面 90° 角开槽的位置，需切割出一块三角形，便于穿线管的弯管。

- ⊕ 墙面处于同一高度的插座，开一个横槽即可。

- ⊕ 开槽时，强电和弱电需要分开，并且保持至少 150mm 的距离。

- ⊕ 暗敷设的管路保护层要大于 15mm，导管弯曲半径必须大于导管直径的 6 倍。

2. 布管要求

⊕ 暗埋导管外壁距墙表面不得小于
30mm。

⊕ 敷设导管时,直管段超过 30m、含有
一个弯头的管段每超过 20m、含有两
个弯头的每超过 15m、含有 3 个弯头
的每超过 8m 时,应加装线盒。

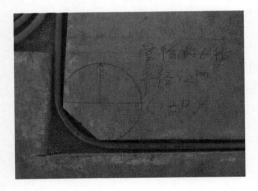

⊕ 穿线管弯曲时,半径不能小于管径的
6 倍。

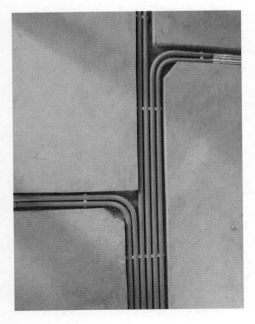

⊕ 地面采用明管敷设时应加管夹,卡距
不超过 1m。

⊕ 管夹固定需 1 管 1 个,安装需牢固,
转弯处需增设管夹。

（四）开关插座安装

1. 底盒安装要求

底盒安装要求

项目		允许偏差	检验方法
箱高度		5mm	尺量
盒垂直度		1mm	吊线、尺量
盒高度	并列安装高度	0.5mm	尺量
	同一场所高差	5mm	
盒、箱凹进墙面深度		10mm	

注 ▶ 箱指强电箱和弱电箱。

2. 开关安装要求

⊕ 开关安装高度一般离地面 1.2~1.4m。

⊕ 处于同一高度的高差不能超过 5mm。

⊕ 开关边缘距门框 0.15~0.2m。

⊕ 拉线开关距地面 2~3m。

⊕ 靠墙书桌、床头柜上方 0.5m 高度可安装必要的开关，便于不用起身也可控制室内电器。

3. 插座安装要求

同一室内的强、弱电插座面板应在同一水平高度上，差距应小于 5mm，间距应大于 50mm。当插座上方有暖气管时，其间距应大于 200mm；下方有暖气管时，其间距应大于 30mm。

玄关

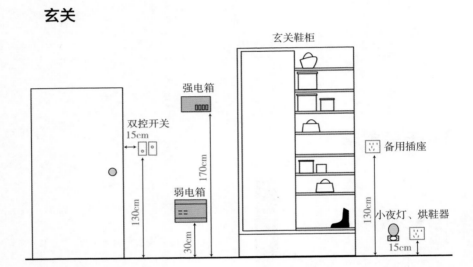

注 ▶ 为了避免交流电源对电视信号的干扰，电视线线管、插座与交流电源线管、插座之间应有 50mm 以上的距离。

卧室

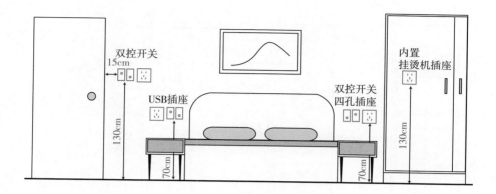

注 ▶ 儿童房不采用安全插座时，插座的安装高度不应低于 1800mm。

客厅

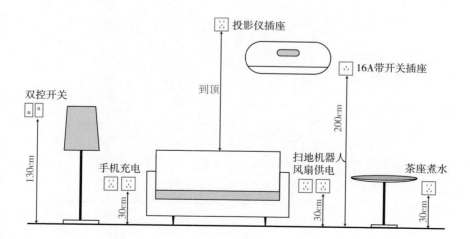

厨房

抽油烟机插座

蒸箱烤箱
16A插座

垃圾处理器
净水机
洗碗机
小厨宝插座

冰箱插座

电饭煲等小厨电
带开关插座

30cm

220cm

130cm

50cm

50cm

130cm

照明开关

卫生间

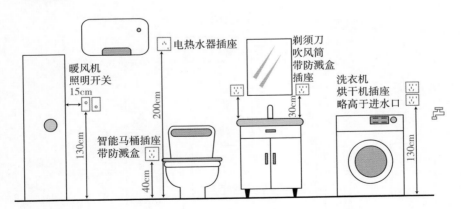

电热水器插座

剃须刀
吹风筒
带防溅盒
插座

暖风机
照明开关

15cm

200cm

洗衣机
烘干机插座
略高于进水口

130cm

智能马桶插座
带防溅盒

30cm

40cm

130cm

4. 开关插座标志识读

（1）开关上的标志

L 一般为火线进线，而 L1、L2、L1₁、L2₁ 这些都表示火线出线。

L	L1	L1$_1$	L1$_2$	L2	L2$_1$	L2$_2$
火线	火线出线 1	火线出线 1$_1$	火线出线 1$_2$	火线出线 2	火线出线 2$_1$	火线出线 2$_2$

（2）插座上的标志

L 同样表示火线，N 表示零线，还有一个三横一竖的图案表示接地线。A 表示额定电流，V 表示额定电压。

N	V	A	⏚
零线	额定电压	额定电流	接地线

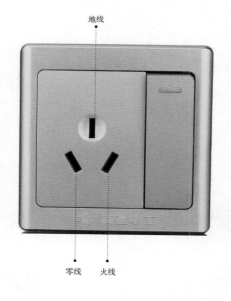

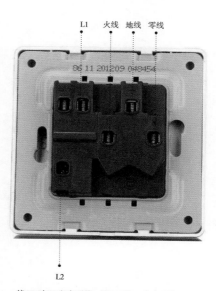

接 L2 时 L1 空出不接，接 L1 时 L2 空出不接。两者的区别在于：一个是按钮上端按下处于开启状态；一个是按钮下端按下处于开启状态

带开关插座连线示意图

三、瓦工施工中的尺寸要求

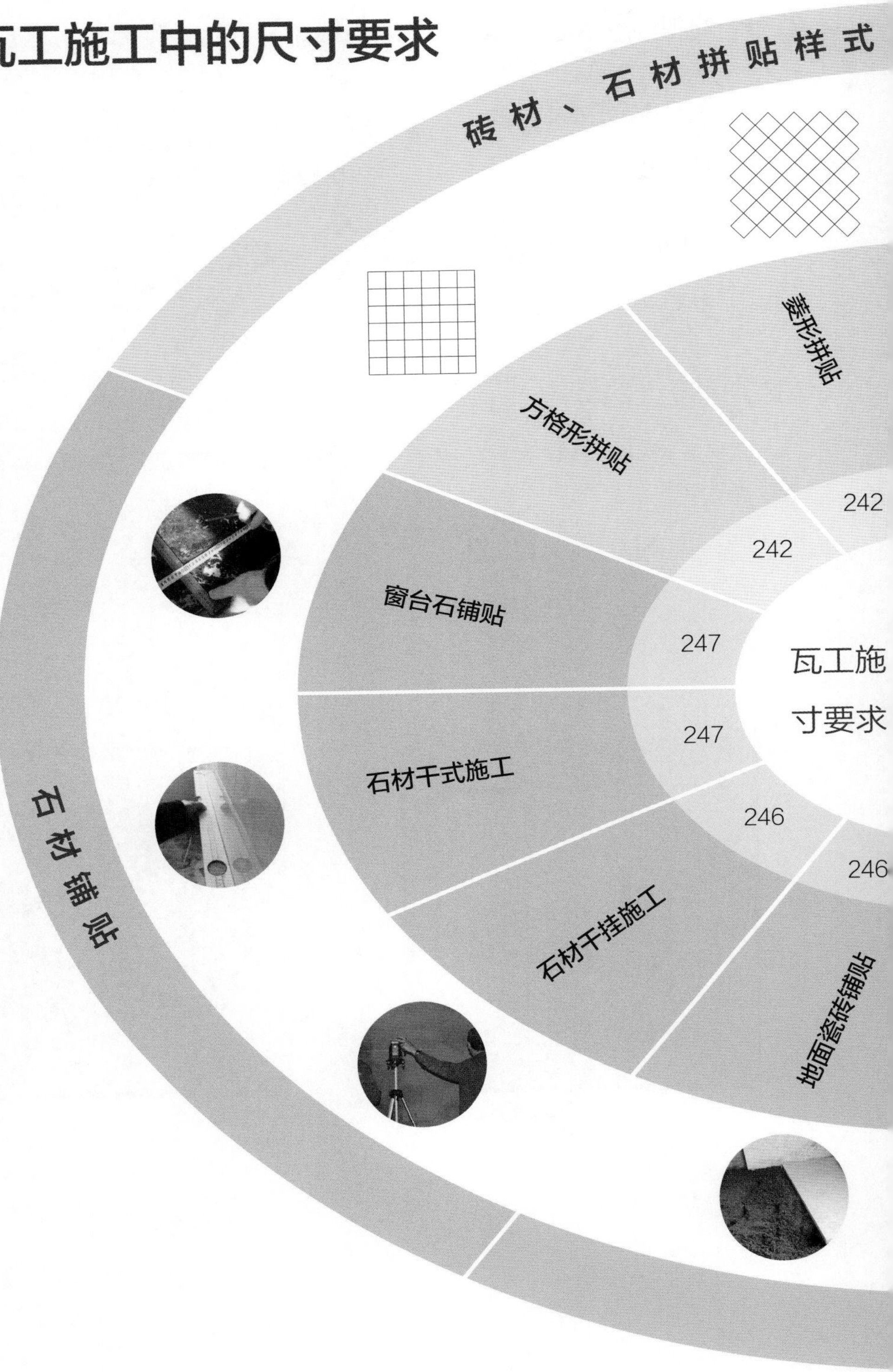

砖材、石材拼贴样式

菱形拼贴 242

方格形拼贴 242

窗台石铺贴 247

瓦工施
寸要求

石材干式施工 247

石材干挂施工 246

地面瓷砖铺贴 246

石材铺贴

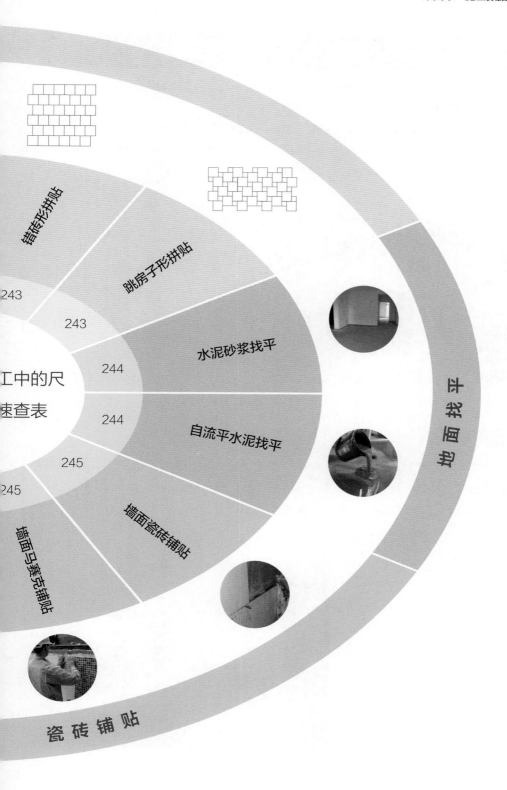

错砖形拼贴　243

跳房子形拼贴　243

水泥砂浆找平　244

自流平水泥找平　244

墙面瓷砖铺贴　245

墙面马赛克铺贴　245

工中的尺

速查表

地面找平

瓷砖铺贴

（一）砖材、石材拼贴样式

1. 方格形拼贴

　　方格形拼贴样式是最常见的设计图案，对施工复杂度的要求相对较低，可适用于任何面积、形状的空间中。方格形拼贴设计对砖材尺寸没有要求，可以是 300mm×300mm、600mm×600mm、800mm×800mm 等多种尺寸。

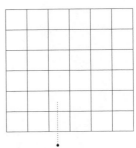

正方形或长方形

2. 菱形拼贴

　　这种设计方式可起到扩大空间面积的效果，适合面积较为方正的空间。这种拼贴设计对砖材尺寸的唯一要求是，必须为正方形材料，尺寸可以是 300mm×300mm、600mm×600mm、800mm×800mm 等多种类型。

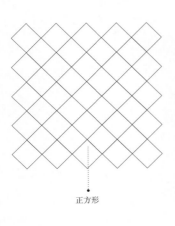

正方形

3. 错砖形拼贴

当空间内采用错砖形式设计时，样式通常是仿照地板尺寸切割的。错转形砖材通常为 450mm×60mm、500mm×60mm、750mm×90mm 以及 900mm×90mm 等多种尺寸。

错砖平面样式

4. 跳房子形拼贴

其中的拼贴方式采用了两种不同尺寸的砖材，正方形大尺寸的砖材为 600mm×600mm，小尺寸的正方形砖材为 300mm×300mm。通过两种不同尺寸砖材的错落铺贴，形成了跳房子样式的效果，适合设计在面积较小的客餐厅空间中。

大小两种尺寸砖材跳着摆放

（二）地面找平

1. 水泥砂浆找平

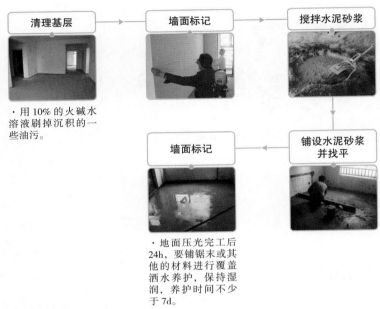

清理基层 → 墙面标记 → 搅拌水泥砂浆

·用 10% 的火碱水溶液刷掉沉积的一些油污。

墙面标记 ← 铺设水泥砂浆并找平

·地面压光完工后 24h，要铺锯末或其他的材料进行覆盖洒水养护，保持湿润，养护时间不少于 7d。

2. 自流平水泥找平

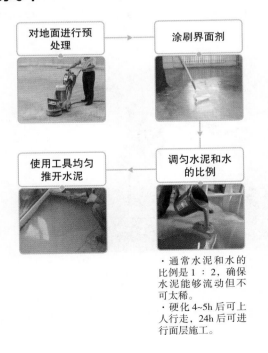

对地面进行预处理 → 涂刷界面剂

使用工具均匀推开水泥 ← 调匀水泥和水的比例

·通常水泥和水的比例是 1：2，确保水泥能够流动但不可太稀。
·硬化 4~5h 后可上人行走，24h 后可进行面层施工。

（三）瓷砖铺贴

1. 墙面瓷砖铺贴

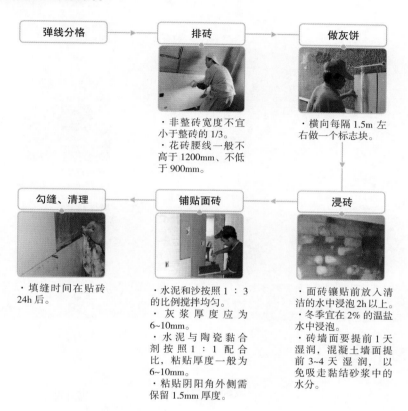

弹线分格 → 排砖 → 做灰饼

排砖
· 非整砖宽度不宜小于整砖的 1/3。
· 花砖腰线一般不高于 1200mm、不低于 900mm。

做灰饼
· 横向每隔 1.5m 左右做一个标志块。

勾缝、清理 ← 铺贴面砖 ← 浸砖

勾缝、清理
· 填缝时间在贴砖 24h 后。

铺贴面砖
· 水泥和沙按照 1：3 的比例搅拌均匀。
· 灰浆厚度应为 6~10mm。
· 水泥与陶瓷黏合剂按照 1：1 配合比，粘贴厚度一般为 6~10mm。
· 粘贴阴阳角外侧需保留 1.5mm 厚度。

浸砖
· 面砖镶贴前放入清洁的水中浸泡 2h 以上。
· 冬季宜在 2% 的温盐水中浸泡。
· 砖墙面要提前 1 天湿润，混凝土墙面提前 3~4 天湿润，以免吸走黏结砂浆中的水分。

2. 墙面马赛克铺贴

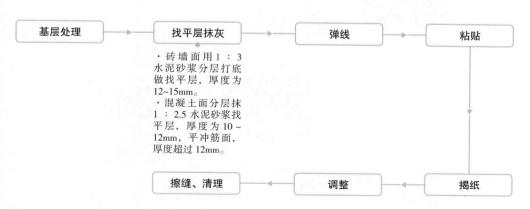

基层处理 → 找平层抹灰 → 弹线 → 粘贴

找平层抹灰
· 砖墙面用 1：3 水泥砂浆分层打底做找平层，厚度为 12~15mm。
· 混凝土面分层抹 1：2.5 水泥砂浆找平层，厚度为 10~12mm，平冲筋面，厚度超过 12mm。

擦缝、清理 ← 调整 ← 揭纸

3. 地面瓷砖铺贴

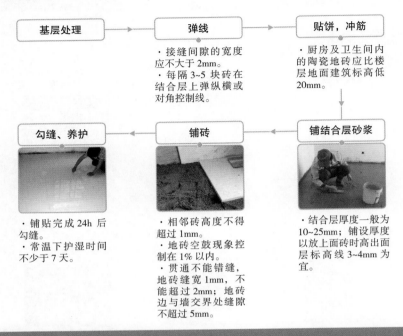

```
基层处理 → 弹线 → 贴饼，冲筋
```

弹线
· 接缝间隙的宽度应不大于 2mm。
· 每隔 3~5 块砖在结合层上弹纵横或对角控制线。

贴饼，冲筋
· 厨房及卫生间内的陶瓷地砖应比楼层地面建筑标高低 20mm。

```
勾缝、养护 ← 铺砖 ← 铺结合层砂浆
```

勾缝、养护
· 铺贴完成 24h 后勾缝。
· 常温下护湿时间不少于 7 天。

铺砖
· 相邻砖高度不得超过 1mm。
· 地砖空鼓现象控制在 1% 以内。
· 贯通不能错缝，地砖缝宽 1mm，不能超过 2mm；地砖边与墙交界处缝隙不超过 5mm。

铺结合层砂浆
· 结合层厚度一般为 10~25mm；铺设厚度以放上面砖时高出面层标高线 3~4mm 为宜。

（四）石材铺贴

1. 石材干挂施工

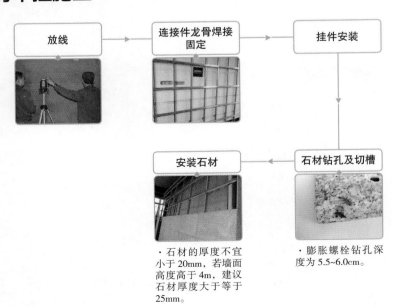

```
放线 → 连接件龙骨焊接固定 → 挂件安装
```

```
安装石材 ← 石材钻孔及切槽
```

安装石材
· 石材的厚度不宜小于 20mm，若墙面高度高于 4m，建议石材厚度大于等于 25mm。

石材钻孔及切槽
· 膨胀螺栓钻孔深度为 5.5~6.0cm。

2. 石材干式施工

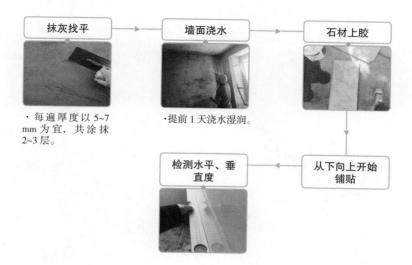

抹灰找平

·每遍厚度以 5~7 mm 为宜，共涂抹 2~3 层。

墙面浇水

·提前 1 天浇水湿润。

石材上胶

从下向上开始铺贴

检测水平、垂直度

3. 窗台石铺贴

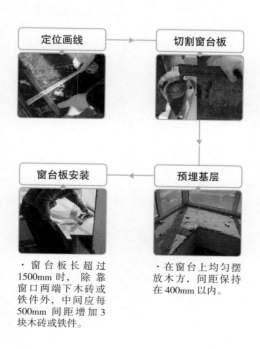

定位画线

切割窗台板

预埋基层

·在窗台上均匀摆放水方，间距保持在 400mm 以内。

窗台板安装

·窗台板长超过 1500mm 时，除靠窗口两端下木砖或铁件外，中间应每 500mm 间距增加 3 块木砖或铁件。

四、木作施工中的尺寸要求

木 作 吊 顶 施 工

轻钢龙骨吊顶
施工尺寸

251

木龙骨吊顶施工尺寸　250

木作施

尺寸要

253

软、硬包制作尺寸

墙 面 木 作 施 工

悬浮铺设地板尺寸

252

龙骨铺设地板尺寸

252

工中的
速查表

252

直接铺设地板尺寸

253

木作造型墙
施工尺寸

地 面 木 作 施 工

（一）木作吊顶施工

1. 木龙骨吊顶施工尺寸

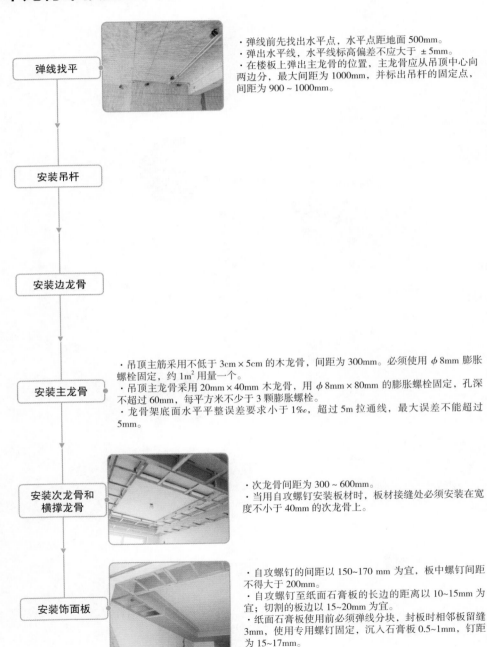

弹线找平
- 弹线前先找出水平点，水平点距地面 500mm。
- 弹出水平线，水平线标高偏差不应大于 ±5mm。
- 在楼板上弹出主龙骨的位置，主龙骨应从吊顶中心向两边分，最大间距为 1000mm，并标出吊杆的固定点，间距为 900～1000mm。

安装吊杆

安装边龙骨

安装主龙骨
- 吊顶主筋采用不低于 3cm×5cm 的木龙骨，间距为 300mm。必须使用 ϕ 8mm 膨胀螺栓固定，约 $1m^2$ 用量一个。
- 吊顶主龙骨采用 20mm×40mm 木龙骨，用 ϕ 8mm×80mm 的膨胀螺栓固定，孔深不超过 60mm，每平方米不少于 3 颗膨胀螺栓。
- 龙骨架底面水平平整误差要求小于 1‰，超过 5m 拉通线，最大误差不能超过 5mm。

安装次龙骨和横撑龙骨
- 次龙骨间距为 300～600mm。
- 当用自攻螺钉安装板材时，板材接缝处必须安装在宽度不小于 40mm 的次龙骨上。

安装饰面板
- 自攻螺钉的间距以 150~170 mm 为宜，板中螺钉间距不得大于 200mm。
- 自攻螺钉至纸面石膏板的长边的距离以 10~15mm 为宜；切割的板边以 15~20mm 为宜。
- 纸面石膏板使用前必须弹线分块，封板时相邻板留缝 3mm，使用专用螺钉固定，沉入石膏板 0.5~1mm，钉距为 15~17mm。

2. 轻钢龙骨吊顶施工尺寸

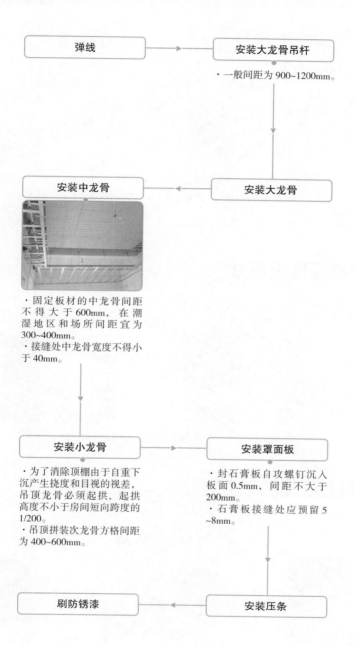

弹线 → 安装大龙骨吊杆

· 一般间距为 900~1200mm。

安装中龙骨 ← 安装大龙骨

· 固定板材的中龙骨间距不得大于 600mm, 在潮湿地区和场所间距宜为 300~400mm。
· 接缝处中龙骨宽度不得小于 40mm。

安装小龙骨 → 安装罩面板

· 为了消除顶棚由于自重下沉产生挠度和目视的视差, 吊顶龙骨必须起拱, 起拱高度不小于房间短向跨度的 1/200。
· 吊顶拼装次龙骨方格间距为 400~600mm。

· 封石膏板自攻螺钉沉入板面 0.5mm, 间距不大于 200mm。
· 石膏板接缝处应预留 5~8mm。

刷防锈漆 ← 安装压条

（二）地面木作施工

1. 悬浮铺设地板尺寸

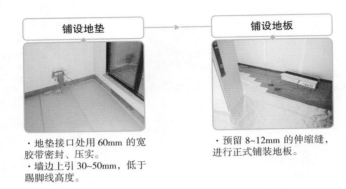

铺设地垫　　　　　铺设地板

·地垫接口处用 60mm 的宽胶带密封、压实。
·墙边上引 30~50mm，低于踢脚线高度。

·预留 8~12mm 的伸缩缝，进行正式铺装地板。

2. 龙骨铺设地板尺寸

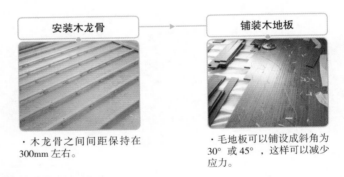

安装木龙骨　　　　　铺装木地板

·木龙骨之间间距保持在 300mm 左右。

·毛地板可以铺设成斜角为 30° 或 45°，这样可以减少应力。

3. 直接铺设地板尺寸

基层处理　　　　撒防虫粉，铺防潮膜　　　　铺装地板

·地面的水平误差不能超过 2mm。

·防虫粉可呈 U 形铺撒，间距保持在 400~500mm。

（三）墙面木作施工

1. 木作造型墙施工尺寸

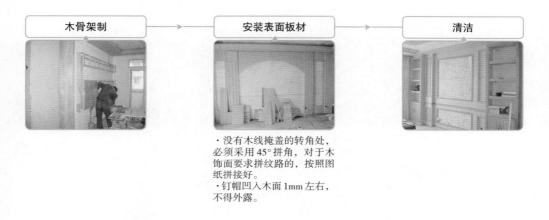

木骨架制 → 安装表面板材 → 清洁

·没有木线掩盖的转角处，必须采用45°拼角，对于木饰面要求拼纹路的，按照图纸拼接好。
·钉帽凹入木面1mm左右，不得外露。

2. 软、硬包制作尺寸

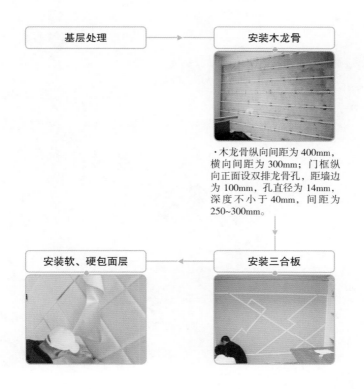

基层处理 → 安装木龙骨

·木龙骨纵向间距为400mm，横向间距为300mm；门框纵向正面设双排龙骨孔，距墙边为100mm，孔直径为14mm，深度不小于40mm，间距为250~300mm。

安装软、硬包面层 ← 安装三合板

五、涂饰施工中的尺寸要求

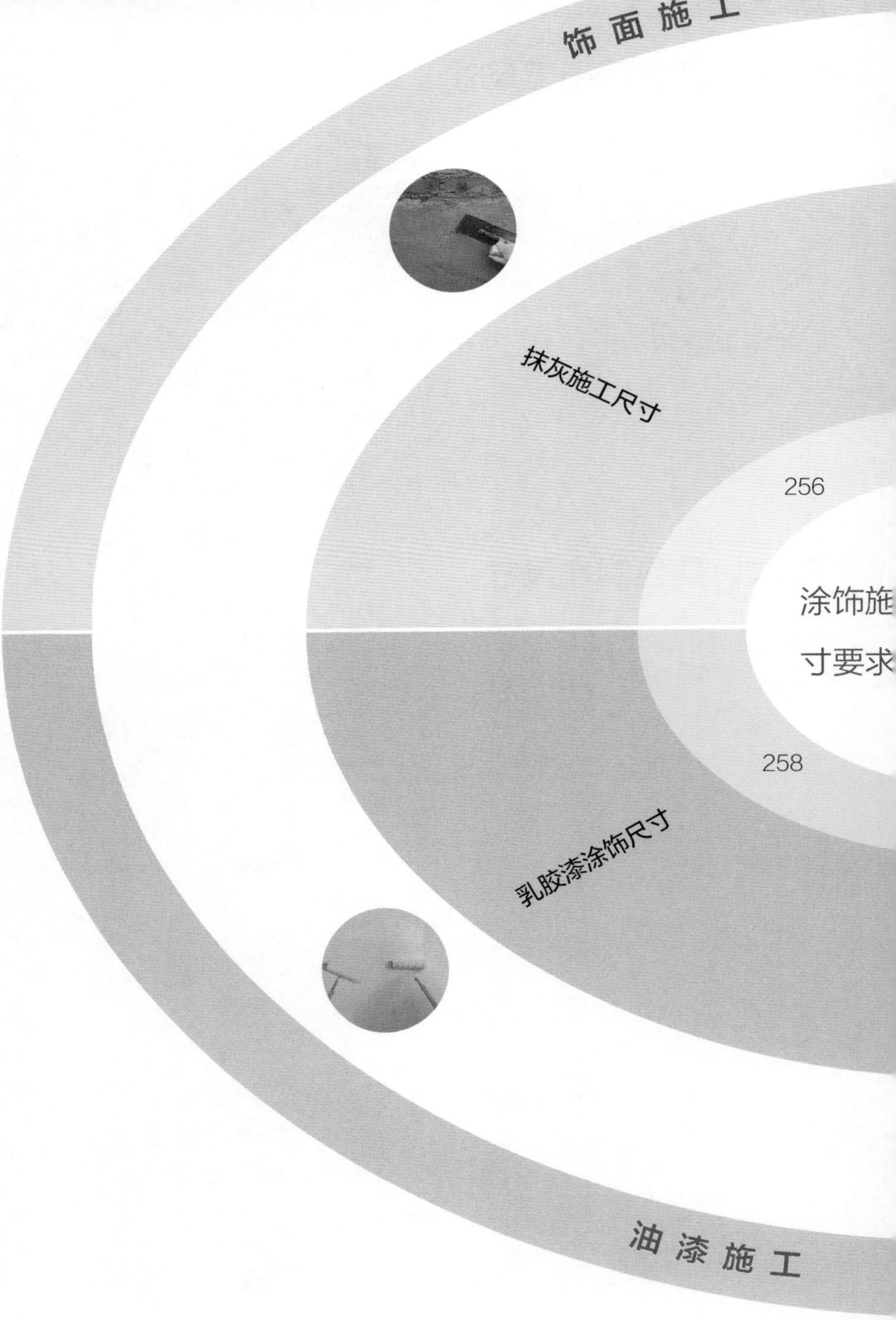

饰 面 施 工

抹灰施工尺寸

256

涂饰施
寸要求

258

乳胶漆涂饰尺寸

油 漆 施 工

（一）饰面施工

1. 抹灰施工尺寸

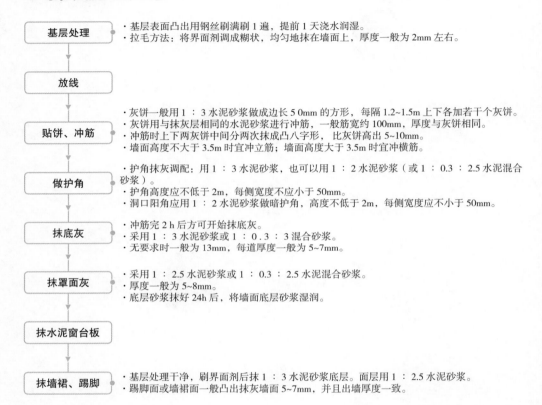

基层处理
· 基层表面凸出用钢丝刷满刷 1 遍，提前 1 天浇水润湿。
· 拉毛方法：将界面剂调成糊状，均匀地抹在墙面上，厚度一般为 2mm 左右。

放线

贴饼、冲筋
· 灰饼一般用 1：3 水泥砂浆做成边长 50mm 的方形，每隔 1.2~1.5m 上下各加若干个灰饼。
· 灰饼用与抹灰层相同的水泥砂浆进行冲筋，一般筋宽约 100mm，厚度与灰饼相同。
· 冲筋时上下两灰饼中间分两次抹成凸八字形，比灰饼高出 5~10mm。
· 墙面高度不大于 3.5m 时宜冲立筋；墙面高度大于 3.5m 时宜冲横筋。

做护角
· 护角抹灰调配：用 1：3 水泥砂浆，也可以用 1：2 水泥砂浆（或 1：0.3：2.5 水泥混合砂浆）。
· 护角高度应不低于 2m，每侧宽度不应小于 50mm。
· 洞口阳角应用 1：2 水泥砂浆做暗护角，高度不低于 2m，每侧宽度应不小于 50mm。

抹底灰
· 冲筋完 2 h 后方可开始抹底灰。
· 采用 1：3 水泥砂浆或 1：0.3：3 混合砂浆。
· 无要求时一般为 13mm，每道厚度一般为 5~7mm。

抹罩面灰
· 采用 1：2.5 水泥砂浆或 1：0.3：2.5 水泥混合砂浆。
· 厚度一般为 5~8mm。
· 底层砂浆抹好 24h 后，将墙面底层砂浆湿润。

抹水泥窗台板

抹墙裙、踢脚
· 基层处理干净，刷界面剂后抹 1：3 水泥砂浆底层。面层用 1：2.5 水泥砂浆。
· 踢脚面或墙裙面一般凸出抹灰墙面 5~7mm，并且出墙厚度一致。

2. 壁纸铺贴尺寸

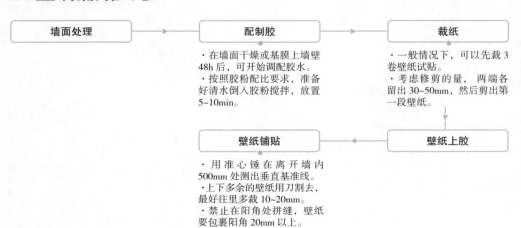

墙面处理

配制胶
· 在墙面干燥或基膜上墙壁 48h 后，可开始调配胶水。
· 按照胶粉配比要求，准备好清水倒入胶粉搅拌，放置 5~10min。

裁纸
· 一般情况下，可以先裁 3 卷壁纸试贴。
· 考虑修剪的量，两端各留出 30~50mm，然后剪出第一段壁纸。

壁纸上胶

壁纸铺贴
· 用准心锤在离开墙内 500mm 处测出垂直基准线。
· 上下多余的壁纸用刀割去，最好往里多裁 10~20mm。
· 禁止在阳角处拼缝，壁纸要包裹阳角 20mm 以上。

3. 壁纸墙布黏结材料用量计算

10m² 裱糊壁纸主要材料用量估算

材料名称	单位	用量	备注
壁纸	m²	11~12	①按 10m² 墙面面积计算 ②亦可通过试贴估算
107 胶	kg	0.9	
羧甲基纤维素	kg	0.012	

普通墙面处理材料用量

材料名称	配比	基面名称	基面分类	每平方米腻子用量
老粉	100	普通墙面	石灰墙面	0.5~0.6kg
羧甲基纤维素	12			
滑石粉	100		水泥墙面	0.6~1kg
107 胶	16			
酚醛清漆（防潮处理）	—	—	—	0.4kg

木基面处理材料用量

材料名称	配比	用量 /（kg/m²）
老粉或大白粉	100	0.4
羧甲基纤维素	4~6	
乳胶	13	
老粉	100	0.13~0.15
酚醛清漆或虫胶漆（防潮）	18	

（二）油漆施工

1. 清漆涂饰尺寸

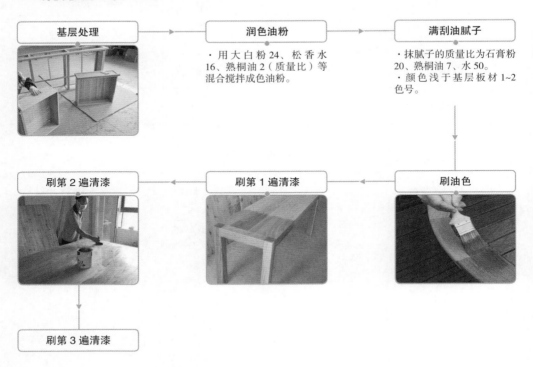

基层处理 → 润色油粉
・用大白粉24、松香水16、熟桐油2（质量比）等混合搅拌成色油粉。

→ 满刮油腻子
・抹腻子的质量比为石膏粉20、熟桐油7、水50。
・颜色浅于基层板材1~2色号。

刷第2遍清漆 ← 刷第1遍清漆 ← 刷油色 ← 满刮油腻子

刷第2遍清漆 → 刷第3遍清漆

2. 乳胶漆涂饰尺寸

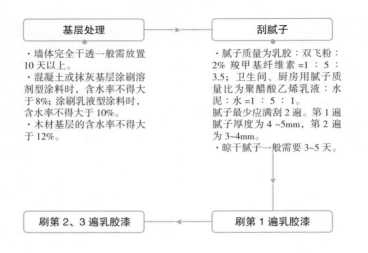

基层处理 → 刮腻子

基层处理
・墙体完全干透一般需放置10天以上。
・混凝土或抹灰基层涂刷溶剂型涂料时，含水率不得大于8%；涂刷乳液型涂料时，含水率不得大于10%。
・木材基层的含水率不得大于12%。

刮腻子
・腻子质量为乳胶：双飞粉：2% 羧甲基纤维素=1：5：3.5；卫生间、厨房用腻子质量比为聚醋酸乙烯乳液：水泥：水=1：5：1。
腻子最少应满刮2遍。第1遍腻子厚度为4~5mm，第2遍为3~4mm。
・晾干腻子一般需要3~5天。

刷第2、3遍乳胶漆 ← 刷第1遍乳胶漆

第五章
施工质量
验收数据

一、砌体施工质量验收中的数据要求

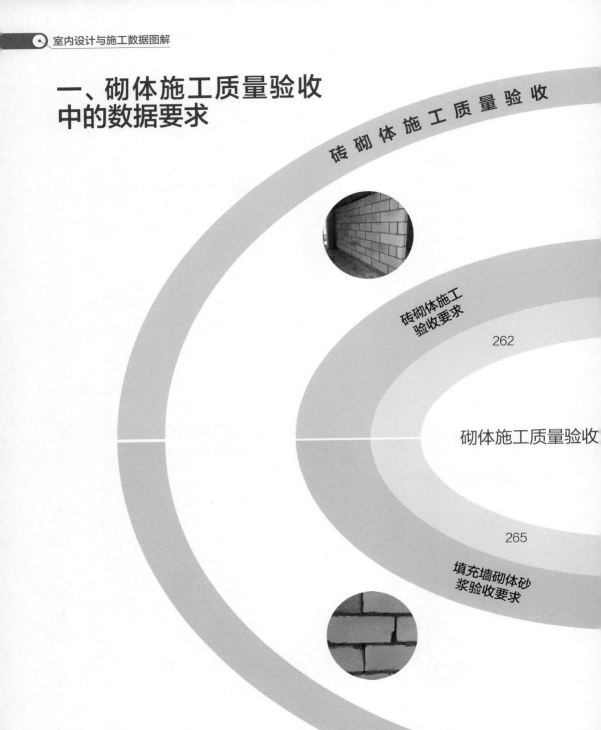

砖 砌 体 施 工 质 量 验 收

砖砌体施工验收要求

262

砌体施工质量验收

265

填充墙砌体砂浆验收要求

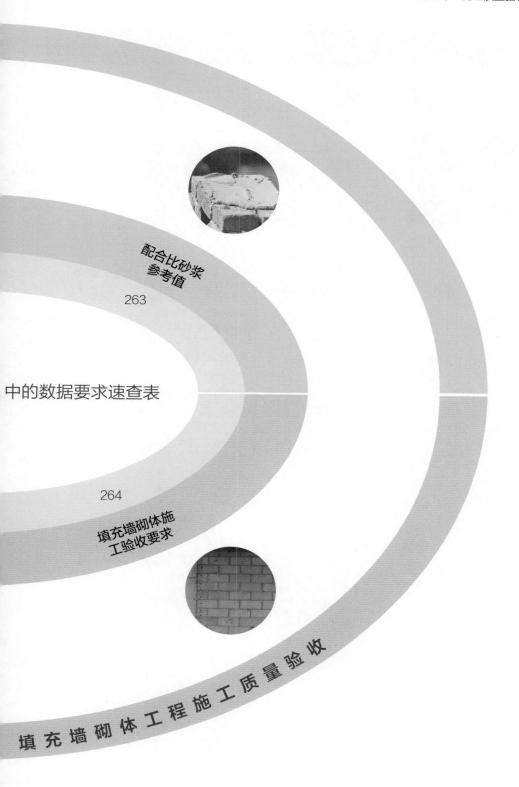

配合比砂浆
参考值

263

中的数据要求速查表

264

填充墙砌体施
工验收要求

填 充 墙 砌 体 工 程 施 工 质 量 验 收

（一）砖砌体施工质量验收

1. 砖砌体施工验收要求

⊕ 砖砌的灰缝应横平竖直，厚薄均匀。

⊕ 水平及竖向灰缝宽度宜为 10mm，但不应小于 8mm 或大于 12mm。

砖砌体施工质量验收要求

项目			允许偏差 /mm	检验方法	抽检数量
轴线位移			10	用经纬仪和尺或其他测量仪器检查	承重墙、柱全数检查
基础、墙、柱顶面标高			±15	用水准仪和尺检查	不应少于 5 处
墙面垂直度	每层		5	用 2m 托线板检查	不应少于 5 处
	全高	≤ 10m	10	用经纬仪、吊线和尺或其他测量仪器检查	外墙全部阳角
		> 10m	20		
表面平整度	清水墙、柱		5	用 2m 靠尺和楔形塞尺检查	不应少于 5 处
	混水墙、柱		8		
水平灰缝平直度	清水墙		7	拉 5m 线和尺检查	不应少于 5 处
	混水墙		10		
门窗洞口高、宽（后塞口）			+10	用尺检查	不应少于 5 处
外墙上下窗口偏移			20	以底层窗口为准，用经纬仪或吊线检查	不应少于 5 处
清水墙游丁走缝			20	以每层第一皮砖为准，用吊线和尺检查	不应少于 5 处

2. 配合比砂浆参考值

⊕ 水泥砂浆宜用于砌筑潮湿环境以及强度要求较高的砌体。

⊕ 水泥石灰砂浆宜用于砌筑干燥环境中的砌体。

⊕ 多层房屋的墙一般采用强度等级为 M5 的水泥石灰砂浆。

⊕ 砖柱、砖拱、钢筋砖过梁等一般采用强度等级为 M5 ~ M10 的水泥砂浆。

配合比砂浆参考值

砂浆强度 /MPa	水泥 / (kg/m³)	灰砂比
5.0	250	1 : 8.0
7.5	290	1 : 7.0
10	320	1 : 6.0
15	390	1 : 5.0

砌筑砂浆的稠度

砌体种类	砂浆稠度 /mm
烧结普通砖砌体	70 ~ 90
蒸压粉煤灰砖砌体	
混凝土实心砖、混凝土多孔砖砌体	50 ~ 70
普通混凝土小型空心砌块砌体	
蒸压灰砂砖砌体	
烧结多孔砖、空心砖砌体	60 ~ 80
轻骨料小型空心砌块砌体	
蒸压加气混凝土砌块砌体	
石砌体	30 ~ 50

（二）填充墙砌体工程施工质量验收

1. 填充墙砌体施工验收要求

⊕ 填充墙的水平灰缝厚度和竖向灰缝宽度应正确，烧结空心砖、轻骨料混凝土小型空心砌块砌体的灰缝应为 8 ~ 12mm。

⊕ 对于蒸压加气混凝土砌块砌体，当采用水泥砂浆、水泥混合砂浆或蒸压加气混凝土砌块砌筑砂浆时，水平灰缝厚度和竖向灰缝宽度不应超过 15mm。

⊕ 当蒸压加气混凝土砌块砌体采用蒸压加气混凝土黏结砂浆时，水平灰缝厚度和竖向灰缝宽度宜为 3~4mm。

填充墙砌体施工验收

项目		允许偏差 /mm	检验方法
轴线位移		10	用尺检查
垂直度	≤ 3m	5	用 2m 托线板或吊线、尺检查
	> 3m	10	
表面平整度		8	用 2m 靠尺或楔形尺检查
门窗洞口高、宽（后塞口）		± 10	用尺检查
外墙上、下窗口偏移		20	用经纬仪或吊线检查

2. 填充墙砌体砂浆验收要求

➕ 水泥砂浆不应小于 1900kg/m³。

➕ 混合砂浆不应小于 1800kg/m³。

填充墙砌体砂浆质量验收

砌体分类	灰缝	饱满度及要求	检验方法
空心砖砌体	水平	≥ 80%	采用百格网检查块体底面或侧面砂浆的黏结痕迹面积
	垂直	填满砂浆，不得有透明缝、瞎缝、假缝	
蒸压加气混凝土砌块和轻骨料混凝土小型空心砌块砌体	水平	≥ 80%	采用百格网检查块体底面或侧面砂浆的黏结痕迹面积
	垂直	≥ 80%	

二、装饰装修施工质量验收中的数据要求

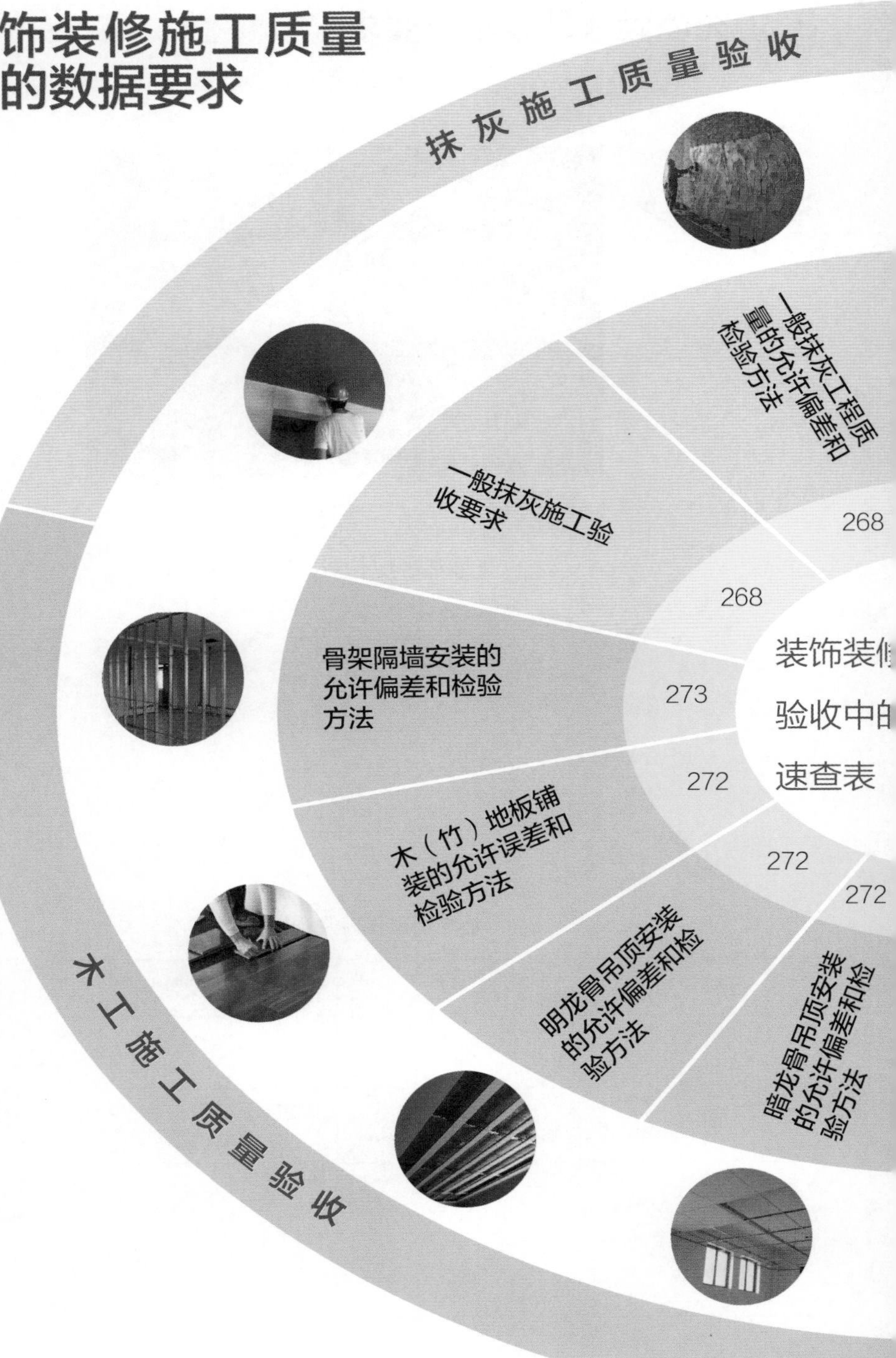

抹灰施工质量验收

一般抹灰工程质量的允许偏差和检验方法 268

一般抹灰施工验收要求 268

骨架隔墙安装的允许偏差和检验方法 273

装饰装修验收中的速查表

木（竹）地板铺装的允许误差和检验方法 272

明龙骨吊顶安装的允许偏差和检验方法 272

暗龙骨吊顶安装的允许偏差和检验方法 272

木工施工质量验收

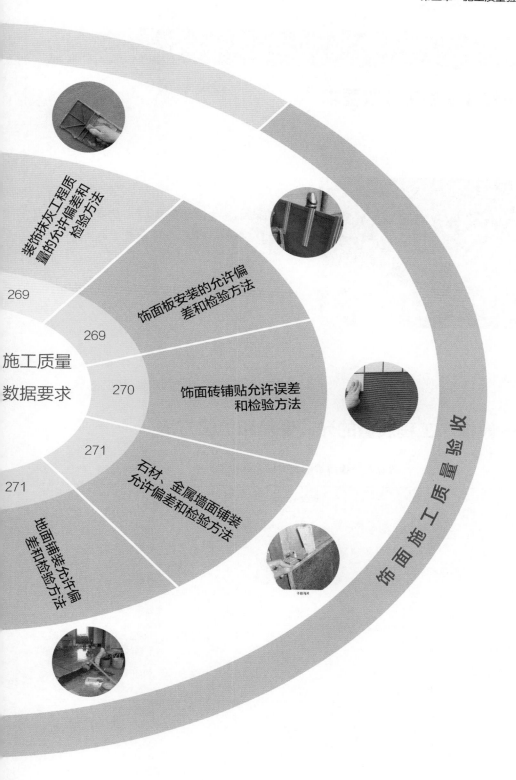

装饰抹灰工程质量的允许偏差和检验方法

269

饰面板安装的允许偏差和检验方法

269

施工质量
数据要求

270

饰面砖铺贴允许误差和检验方法

271

石材、金属墙面铺装允许偏差和检验方法

271

地面铺装允许偏差和检验方法

饰面施工质量验收

千挂马其

（一）抹灰施工质量验收

1. 一般抹灰施工验收要求

⊕ 在顶板混凝土湿润的情况下，先刷素水泥浆一道，刷随随打底，打底采用 1：1：6 水泥混合砂浆。

⊕ 抹大面底层灰，其厚度每边不宜超过 8mm。

2. 一般抹灰工程质量的允许偏差和检验方法

一般抹灰工程质量的允许偏差和检验方法

项目	允许偏差 /mm		检验方法
	普通抹灰	高级抹灰	
立面垂直度	4	3	用 2m 垂直检测尺检查
表面平整度	4	3	用 2m 靠尺和塞尺检查
阴阳角方正	4	3	用直角检测尺检查
分格条（缝）直线度	4	3	拉 5m 线，不足 5m 拉通线，用钢直尺检查
墙裙、勒脚上口直线度	4	3	拉 5m 线，不足 5m 拉通线，用钢直尺检查

3. 装饰抹灰工程质量的允许偏差和检验方法

装饰抹灰工程质量的允许偏差和检验方法

项目	允许偏差 /mm				检验方法
	水刷石	斩假石	干粘石	假面砖	
立面垂直度	5	4	5	5	用2m靠尺和塞尺检查
表面平整度	3	3	5	4	用2m靠尺和塞尺检查
阴阳角方正	3	3	4	4	用直角检测尺检查
分格条（缝）直线度	3	3	3	3	拉5m线，不足5m拉通线，用钢直尺检查
墙裙、勒脚上口直线度	3	3	—	—	拉5m线，不足5m拉通线，用钢直尺检查

（二）饰面施工质量验收

1. 饰面板安装的允许偏差和检验方法

饰面板安装的允许偏差和检验方法

项目	允许偏差 /mm							检验方法
	石材			瓷板	木材	塑料	金属	
	光面	剁斧石	蘑菇石					
立面垂直度	2	3	3	2	1.5	2	2	用2m垂直检测尺检查
表面平整度	2	3	—	1.5	1	3	3	用2m靠尺和塞尺检查
阴阳角方正	2	4	4	2	1.5	3	3	用直角检测尺检查

续表

项目	允许偏差 /mm							检验方法
	石材			瓷板	木材	塑料	金属	
	光面	剁斧石	蘑菇石					
接缝直线度	2	4	4	2	1	1	1	拉 5m 线，不足 5m 拉通线，用钢直尺检查
墙裙、勒脚上口直线度	2	3	3	2	2	2	2	拉 5m 线，不足 5m 拉通线，用钢直尺检查
接缝高低差	0.5	3	—	0.5	0.5	1	1	用钢直尺和塞尺检查
接缝宽度	1	2	2	1	1	1	1	用钢直尺检查

2. 饰面砖铺贴允许误差和检验方法

饰面砖铺贴允许误差和检验方法

项目	允许偏差 /mm	检验方法
表面平整度	2	用 2m 靠尺和塞尺检查
接缝高度差	0.5	用钢直尺和塞尺检查
接缝宽度	1	用钢直尺检查
接缝直线度	1	拉 5m 线，不足 5m 拉通线，用钢直尺检查
立面垂直度	2	用 2m 垂直检测尺检查
阴阳角方正度	2	用直角检测尺检查

3. 石材、金属墙面铺装允许偏差和检验方法

石材、金属墙面铺装允许偏差和检验方法

项目	允许偏差 /mm		检验方法
	石材	金属	
立面垂直度	3	2	用电子水平尺检查
表面平整度	4	3	用电子水平尺检查
接缝高低差	1	1	用钢直尺和塞尺检查
接缝宽度	1	1	用钢尺检查
阴阳角方正度	3	3	用直角检测尺检查
接缝直线度	3	1	拉 5m 线，不足 5m 拉通线，用钢直尺检查

4. 地面铺装允许偏差和检验方法

地面铺装允许偏差和检验方法

项目	允许偏差 /mm		检验方法
	瓷砖	石材	
表面平整度	2	1	用电子水平尺检查
缝格平直	3	2	拉 5m 线，不足 5m 拉通线，用钢尺检查
接缝高低差	0.5	0.5	用钢尺和楔形塞尺检查
踢脚线上口平直	3	1	拉 5m 线，不足 5m 拉通线，用钢尺检查
板块间隙宽度	2	1	用钢尺检查
厨房、卫生间排水坡度	2	2	用电子水平尺检查

（三）木工施工质量验收

1. 暗龙骨吊顶安装的允许偏差和检验方法

暗龙骨吊顶安装的允许偏差和检验方法

项目	允许偏差 /mm				检验方法
	纸面石膏板	金属板	矿棉板	木板、塑料板、格栅	
表面平整度	3	2	2	3	用2m 靠尺和塞尺检查
接缝直线度	3	1.5	3	3	拉 5m 线，不足 5m 拉通线，用钢直尺检查
接缝高低差	1	1	1.5	1	用钢直尺和塞尺检查

2. 明龙骨吊顶安装的允许偏差和检验方法

明龙骨吊顶安装的允许偏差和检验方法

项目	允许偏差 /mm				检验方法
	石膏板	金属板	矿棉板	塑料板、玻璃板	
表面平整度	3	2	3	2	用 2m 靠尺和塞尺检查
接缝直线度	3	2	3	3	拉 5m 线，不足 5m 拉通线，用钢直尺检查
接缝高低差	1	1	2	1	用钢直尺和塞尺检查

3. 木（竹）地板铺装的允许误差和检验方法

木（竹）地板铺装的允许误差和检验方法

项目	允许偏差 /mm				检验方法
	拼花木板	松木地板	硬木地板	复合地板竹地板	
板面缝隙宽度	0.2	1	0.5	0.5	用钢尺检查

续表

项目	允许偏差 /mm				检验方法
	拼花木板	松木地板	硬木地板	复合地板竹地板	
表面平整度	2	3	2	2	用电子水平尺检查
踢脚线上口齐平	3	3	3	3	拉 5m 线，不足 5m 拉通线，用钢直尺检查
板面拼缝平直	3	3	3	3	
相邻板材高低差	0.5	0.5	0.5	0.5	用钢尺和塞尺检查

4. 骨架隔墙安装的允许偏差和检验方法

骨架隔墙安装的允许偏差和检验方法

项目	允许偏差 /mm		检验方法
	纸面石膏板	人造板、水泥纤维板	
立面垂直度	3	4	用 2m 垂直检测尺检查
表面平整度	3	3	用直角检测尺检查
阴阳角方正	3	3	用钢尺和楔形塞尺检查
接缝直线度	—	3	拉 5m 线，不足 5m 拉通线，用钢尺检查
压条直线度	—	3	拉 5m 线，不足 5m 拉通线，用钢尺检查
接缝高低差	1	1	用钢直尺和塞尺检查

三、门窗安装施工质量验收中的数据要求

木门窗制作与安装质量验收

木门窗安装后的允许偏差及检验方法 276

木门窗制作的允许偏差及检验方法 276

门窗安装验收中的速查表 280

窗帘盒安装的允许偏差 280

窗台板安装的允许偏差

其他门窗安装的允许偏差

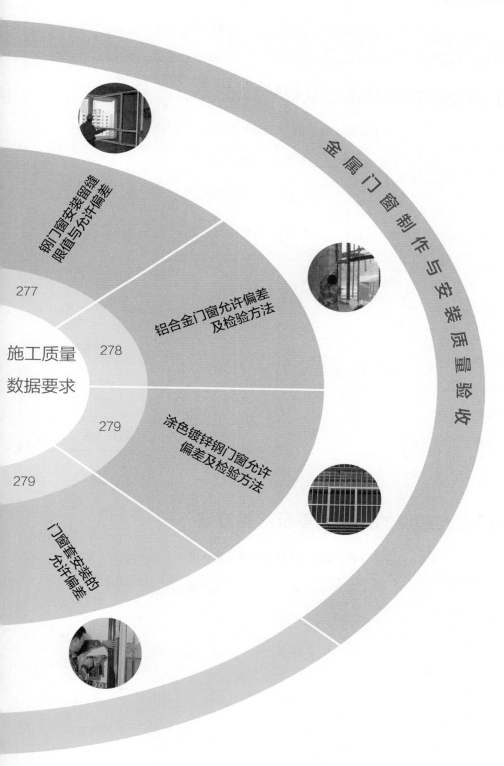

金属门窗制作与安装质量验收

钢门窗安装留缝限值与允许偏差

277

施工质量
数据要求

278

铝合金门窗允许偏差及检验方法

279

涂色镀锌钢门窗允许偏差及检验方法

279

门窗套安装的允许偏差

（一）木门窗制作与安装质量验收

1. 木门窗制作的允许偏差及检验方法

木门窗制作的允许偏差及检验方法

项目	构件名称	允许偏差 /mm		检验方法
		普通	高级	
翘曲	框	3	2	将框、扇平放在检查平台上，用塞尺检查
	扇	2	2	
对角线长度差	扇	3	2	用钢尺检查，框量裁口里角，扇量外角
表面平整度	框、扇	2	2	用 1m 靠尺和塞尺检查
高度、宽度	框	0，−2	0，−1	用钢尺检查，框量裁口里角，扇量外角
	扇	+2，0	+1，0	
裁口、线条结合处高度差	框、扇	1	0.5	用钢直尺和塞尺检查
相邻棂子两端间距	扇	2	1	用钢直尺检查

2. 木门窗安装点的允许偏差及检验方法

木门窗安装点的允许偏差及检验方法

项目	留缝限值 /mm		允许偏差 /mm		检验方法
	普通	高级	普通	高级	
门窗槽口对角线长度差	—	—	3	2	用钢尺检查
门窗框的下、侧面垂直度	—	—	2	1	用 1 m 垂直检测尺检查
框与扇、扇与扇接缝高低差	—	—	2	1	用钢直尺和塞尺检查

续表

项目		留缝限值 /mm		允许偏差 /mm		检验方法
		普通	高级	普通	高级	
门窗扇对口缝		1 ~ 2.5	1.5 ~ 2	—	—	用塞尺检查
门窗扇与上框间留缝		1 ~ 2	1 ~ 1.5	—	—	
门窗扇与侧框间留缝		1 ~ 2.5	1 ~ 1.5	—	—	
窗扇与下框间留缝		2 ~ 3	2 ~ 2.5	—	—	
门扇与下框间留缝		3 ~ 5	3 ~ 4	—	—	
双层门窗内外框间距		—	—	4	3	用钢尺检查
无下框时门扇与地面间留缝	外门	4 ~ 7	5 ~ 6	—	—	用塞尺检查
	内门	5 ~ 8	6 ~ 7	—	—	
	卫生间门	8 ~ 12	8 ~ 10	—	—	
	厂房大门	10 ~ 20	—	—	—	

（二）金属门窗制作与安装质量验收

1. 钢门窗安装留缝限值与允许偏差

钢门窗安装留缝限值与允许偏差

项目		留缝限值 /mm	允许偏差 /mm	检验方法
门窗槽口宽度、高度	≤ 1500mm	—	2.5	用钢尺检查
	> 1500mm	—	3.5	
门窗槽口对角线长度差	≤ 2000mm	—	5	用钢尺检查
	> 2000mm	—	6	
门窗框的正、侧面垂直度		—	3	用 1m 垂直检测尺检查

续表

项目	留缝限值 /mm	允许偏差 /mm	检验方法
门窗槽框的水平度	—	3	用 1m 水平尺和塞尺检查
门窗横框标高	—	5	用钢尺检查
门窗竖向偏离中心	—	4	用钢尺检查
双层门窗内外框间距	—	5	用钢尺检查
门窗框、扇配合间隙	≤ 2	—	用塞尺检查
无下框时门扇与地面间留缝	4 ~ 8	—	用塞尺检查

2. 铝合金门窗允许偏差及检验方法

铝合金门窗允许偏差及检验方法

项目		允许偏差 /mm	检验方法
门窗槽口宽度、高度	≤ 1500mm	1.5	用钢尺检查
	> 1500mm	2	
门窗槽口对角线长度差	≤ 2000mm	3	用钢尺检查
	> 2000mm	4	
门窗框的正、侧面垂直度		2.5	用垂直检测尺检查
门窗槽框的水平度		2	用 1m 水平尺和塞尺检查
门窗横框标高		5	用钢尺检查
门窗竖向偏离中心		5	用钢尺检查
双层门窗内外框间距		4	用钢尺检查
推拉门窗扇与框搭接量		1.5	用钢直尺检查

3. 涂色镀锌钢门窗允许偏差及检验方法

涂色镀锌钢门窗允许偏差及检验方法

项目		允许偏差 /mm	检验方法
门窗槽口宽度、高度	≤ 1500mm	2	用钢尺检查
	> 1500mm	3	
门窗槽口对角线长度差	≤ 2000mm	4	用钢尺检查
	> 2000mm	5	
门窗框的正、侧面垂直度		3	用垂直检测尺检查
门窗槽框的水平度		3	用 1m 水平尺和塞尺检查
门窗横框标高		5	用钢尺检查
门窗竖向偏离中心		5	用钢尺检查
双层门窗内外框间距		4	用钢尺检查
推拉门窗扇与框搭接量		2	用钢直尺检查

（三）其他门窗安装的允许偏差

1. 门窗套安装的允许偏差

门窗套安装的允许偏差

项目	允许偏差 /mm	检验方法
正、侧面垂直度	2	用 2m 垂直检测尺检查
门窗套上口水平度	3	用水平检测尺和塞尺检查
门窗套上口直线度	2	拉 5m 线，不足 5m 拉通线，用钢直尺检查

2. 窗台板安装的允许偏差

窗台板安装的允许偏差

项目	允许偏差 /mm	检验方法
两端出墙厚度差	3	用钢直尺检查
两端距窗洞口长度差	2	用钢直尺检查
上口、下口直线度	3	拉 5m 线，不足 5m 拉通线，用钢直尺检查
水平度	2	用 1m 水平尺和塞尺检查

3. 窗帘盒安装的允许偏差

窗帘盒安装的允许偏差

项目	允许偏差 /mm	检验方法
水平度	2	用 1m 水平尺和塞尺检查
上口、下口直线度	3	拉 5m 线，不足 5m 拉通线，用钢直尺检查
两端距窗洞口长度差	2	用钢直尺检查
两端出墙厚度差	3	用钢直尺检查